南京高淳
绿化景观风貌
提升构建

IMPROVEMENT AND CONSTRUCTION OF
GREEN LANDSCAPE IN GAOCHUN, NANJING

谷　康　马相阳　王恒波
丁彦芬　苏同向　杨艺红　◎著

东南大学出版社
SOUTHEAST UNIVERSITY PRESS
·南京·

内容简介

城市的面貌是一个城市的生命和区别于其他城市的特有个性。城市绿地景观风貌是城市风貌的重要组成部分，构成整个城市环境的基底。城市绿地景观风貌顾名思义，就是城市绿地景观所展现出来的城市风采和面貌，是指城市在不同时期历史文化、自然特征和城市市民生活的长期影响下，形成的整个城市的绿地环境特征和空间组织，同时也是以人的视角，观察和体验城市绿地空间和环境，以及构成城市绿地景观的建筑、公共设施等多种视觉要素后给人留下的感官印象。它是具体的，与人的活动和体验密不可分。

城市绿地景观风貌是绿地景观作为视觉景象、作为系统和作为文化符号的综合体现。城市绿地景观风貌的营建，不仅给城市中的居民以及外地游人一个休闲娱乐的空间，也对传达城市文化、强化城市特色景观、塑造城市自身风貌品质、完善城市功能布局起到了潜移默化的作用。城市绿地景观风貌研究的对象主要是城市文化、传统习俗以及城市的内在精神所影响下的城市绿地景观，评价的目标是视觉等感官印象给人的主观感受和所引发的心理感受的优劣——这既取决于客观上构成城市绿地的要素组合，如植物、广场、小品等，同时在主观上又受到城市居民的影响。这些要素共同作用于城市，同时作用于城市的绿地景观，形成不同的城市绿地景观风貌。但对于不同的城市，其城市绿地景观风貌在特定的环境条件下以某个或某几个因子成为主导因子，因此，只有在充分解读了城市的风貌要素的基础上，突出展现主导因子，才能创造出个性鲜明、能给人留下深刻印象的城市绿地景观风貌。

以南京市高淳区全域绿色空间体系规划为例，高淳区绿色空间体系"花慢城"总体规划，在"水绕淳城，田陵拥入"的独特生态格局上，通过整合古城遗迹丰富的历史韵味、圩田风光和村俗文化，以慢为核，以水为纽，串联全区山水资源，联系优越的山水生态格局和城市空间格局，城乡融合，形成了整合高淳区域内人文、自然资源，突出特色景观风貌的"一心三片四廊多点"总体规划结构，打造了高淳"水—山—城"融为一体、人与自然和谐共生的特色发展格局。

图书在版编目(CIP)数据

南京高淳绿化景观风貌提升构建 / 谷康等著. —南京：东南大学出版社，2022.11
ISBN 978-7-5766-0333-0

Ⅰ. ①南… Ⅱ. ①谷… Ⅲ. ①城市景观-景观设计-绿化-研究-南京 Ⅳ. ①TU984.253.4

中国版本图书馆 CIP 数据核字(2022)第 207743 号

责任编辑：宋华莉　姜　来　　责任校对：子雪莲　　封面设计：王　玥　　责任印制：周荣虎

南京高淳绿化景观风貌提升构建
Nanjing Gaochun Lühua Jingguan Fengmao Tisheng Goujian

著　　者	谷　康　马相阳　王恒波　丁彦芬　苏同向　杨艺红
出版发行	东南大学出版社
社　　址	南京四牌楼 2 号
邮　　编	210096
电　　话	025 - 83793330
网　　址	http://www.seupress.com
电子邮件	press@seupress.com
经　　销	全国各地新华书店
印　　刷	广东虎彩云印刷有限公司
开　　本	787 mm×1092 mm　1/16
印　　张	15
字　　数	344 千字
版　　次	2022 年 11 月第 1 版
印　　次	2022 年 11 月第 1 次印刷
书　　号	ISBN 978 - 7 - 5766 - 0333 - 0
定　　价	118.00 元

＊ 本社图书若有印装质量问题，请直接与营销部调换。电话(传真):025 - 83791830。

前　言

　　城市的面貌是一个城市的生命和区别于其他城市的特有个性。城市绿地景观风貌是城市风貌的重要组成部分,构成整个城市环境的基底。城市绿地景观风貌是绿地景观作为视觉景象、作为系统和作为文化符号的综合体现。城市绿地景观风貌的营建,不仅给城市中居民以及外地游人一个休闲娱乐的空间,也对传达城市文化、强化城市特色景观,塑造城市自身风貌品质、完善城市功能布局起到了潜移默化的作用。城市绿地景观风貌研究的对象主要是城市文化、传统习俗以及城市的内在精神影响下的城市绿地景观。它既取决于客观上构成城市绿地的要素组合,如植物、广场、小品等,同时在主观上又受到城市居民的影响。这些要素共同作用于城市,作用于城市的绿地景观,形成不同的城市绿地景观风貌。

　　高淳区位于南京市南端,是国家重要的特色现代都市农业基地,国家东部地区重要休闲旅游目的地,华东地区制造业服务枢纽和高端制造业配套基地,被誉为南京的后花园和南大门。在自然的山水构架上,高淳区东部以丘陵地貌为主,山林资源丰富;西部以水网圩田为主;南北两湖夹城,形成独特的"水绕淳城,田陵拥入"的格局。在历史文化上,高淳是江苏省历史文化名城,境内的薛城遗址是6000多年前新石器时代的古村落;伍子胥率部开凿的胥河是世界上最早并且仍在发挥航运作用的人工运河;高淳老街是华东地区保存最完整的明清古街,是全国十大历史文化名街。丰富的古城遗迹积淀了深厚的历史韵味,富于特色的圩田风光和村俗文化,依托"慢文化"核心焕发新生机。在经济发展上,高淳区是江苏省商贸十强县(市)、建筑强县、中国建筑之乡,造船水运业享有"中华民间造船水运第一县"的美称,以造船水运业著称的武家嘴村则被誉为"中国民间造船水运第一村"。2020年7月29日,江苏省委十三届八次全会在南京召开。会议提出《中共江苏省委江苏省人民政府关于深入推进美丽江苏建设的意见》,其中强调要"全面推进美丽田园乡村建设,彰显地域文化特色"。高淳区积极响应省委、省政府的要求,坚持生态优先、绿色发展理念,从生态、人文的思想出发,"由零化整",将外围区镇纳入全局分析,突出"东山西圩,两湖夹城"的特色格局,整合山水生态格局和城市空间格局,对城乡全域绿色空间进行规划,初步建立与"山水林田湖草生命共同体"相适应的体制机制,打造高淳慢文化主题的"水—山—城"融为一体的特色格局。在全域范围内科学合理地配置要素,通过构建和保护环城绿带等区域大型绿色开放空间,沟通城市与郊野景观,实现三大片区景观节点串联,将城市内部各自独立的碎片化绿地联结建立成多功能、多层次的生态网络,并以此为契机打造成显山露水的绿色人文空间、彰显南京人文绿都的示范区。

本书立足于相关理论研究和具体实践成果,在基于对现状问题深入分析的基础上,结合高淳实际,提出绿色空间体系规划应强调地域文化传承和特色品牌的打造,同时串联全区山水资源,并联系优越的山水生态格局和城市空间格局,城乡融合,以打造高淳"水—山—城"融为一体的特色格局发展为目标,最终提高高淳居民的地域归属感,彰显圩田文化和慢城文化的特色。以此为基础,提出"绿"网交织——结合人文景观和城市绿地建设框架,组织"点"(以公园绿地和乡村绿化为代表的各类小块绿地)、"线"(道路绿化和滨河绿化)、"面"(面积较大绿地,如区域绿地、远郊田园、湖泊湿地等)相互渗透的网状绿地结构模式;增"花"添彩——营造四季变化的植物空间,建设民生幸福的宜居城市;文化为"魂"——立足自身禀赋谋特色,彰显文化底蕴;打造山水相映、林田野趣、花香蟹肥、悠然自得的"花慢城"。希望本书对城市绿地景观风貌的研究能够对本领域相关研究的深入及发展起到一定的积极作用,也希望能吸引更多专家、学者关注并加入城市绿地景观风貌的研究,逐步完善相关理论、实践体系,进一步推动城市景观的建设和发展。

在本书出版之际,衷心感谢南京林业大学风景园林学院硕士研究生陈欣欣、麻菁、王怡舞、王雪同学,本书的一部分材料源自他们参与的相关课题。成书过程中,南京林业大学风景园林学院硕士研究生陈家宇、江帆、吴扬帆、沈晓川等同学不辞劳苦,收集、整理相关资料,在此表示深深的谢意,感谢他们为本书付出的辛勤工作。另外,我要感谢课题合作伙伴们以及学生们,感谢他们对我的支持和帮助。

最后,感谢本书引用文献的作者们,是他们的研究拓宽了我的视野,本书的完成与他们的研究成果是分不开的。此外还要衷心感谢东南大学出版社的编辑及相关工作人员为本书顺利出版所付出的努力。

本书中所引用的相关研究成果和资料,如涉及版权问题,请与著者联系。

望读者批评指正,以便今后进一步修改和补充!

笔者

2022 年 11 月

目　录

1 城市绿色空间体系规划研究概况

1.1 相关概念

1.1.1 全域绿色空间

全域绿色空间包括城市内部的各类城市绿地与广场用地以及城市外围除建设用地的水域、农林用地等对城市生态、景观和居民休闲生活具有积极作用的非建设用地[1]。

通过对国内外全域绿色空间规划的研究，发现目前这类规划根据各城市面临的问题不同，主要关注三个方面：一是对全域绿地功能系统的关注，二是对绿色空间项目的关注，三是对绿色空间管控的关注。关注全域绿地功能系统的规划，重点关注绿色空间在全域的功能和系统构成，目的是建立一个与城市功能和城市活动相匹配的全域绿色空间系统[2]。以《伦敦全域绿网规划》为代表，其针对城市及外围绿地分布不均和效益未发挥的问题，确定了"改善空间与提升价值"的主要目标。该规划提出了"促进城绿融合、增加旅游设施、解决环境问题"3个目标和13项具体分目标，在全域范围内对绿地功能进行了梳理和布局。例如针对"适应天气变化，改善城市绿化"，规划在全域范围内将空间住房可用区、棕地区、河流雨洪影响区、潮汐雨洪影响区、开放空间等进行了统筹与布局。这类规划是对绿色空间进行系统性的布局与规划[1]。

1.1.2 绿色空间体系

城市绿色空间概念是伴随城市开放空间、公园系统、绿带、绿道、生态基础设施等共同完善起来的，由于国内外关注点不同，学者对城市绿色空间的概念尚未达成一致。欧盟"城市绿色环境"项目（URGE，2001—2004）定义城市绿色空间为："城市范围内，为植被覆盖，直接用于休憩活动，对城市环境有积极影响，具有方便、可达性，服务于居民的不同需求。总之，可以有效提高城市或其区域的生活质量。"[3]英国"绿色空间，美好场所"项目（Green Spaces，Better Places，2002），则将绿色空间视作是自然与半自然覆盖形态为主的区域。美国的绿色空间是

"城市区域未开发或基本未开发、具有自然特征的环境空间,是一些保持着自然景观或自然景观得到恢复的地域(即游憩地、保护地及风景区),或为调节城市建设而保留的土地,具有重要的生态、娱乐、文化、历史、景观等多种价值"[4]。

国内,城市绿色空间通常以"城市绿地"代之。《城市绿地分类标准》(2017)中,城市绿地包含公园绿地、广场用地、防护绿地、附属绿地与区域绿地5大类,实际上,城市绿色空间概念已大于这5类的范畴。以上观点可以分为两类:一是自然与人工环境协调型,认为城市绿色空间是下垫面非硬化的开放空间,包括户外活动场地、公园、森林、墓地、河流以及步行道等,如欧盟、英国的观点;二是自然环境主导型,认为城市绿色空间是以绿色生态环境为主的空间,包括森林、河流、公园、农田等。

随着城市空间研究的成熟,2014年Mensah提出将城市空间分为城市绿色空间与城市灰色空间[5],城市绿色空间构成城市绿色基础设施,形成城市新陈代谢系统[6, 7]。而今,在国土空间规划的背景下,城市园林、城市森林、都市农业、绿色廊道等组成的城市绿色空间在规划范围方面具有一定的局限性,国土空间规划体系对城市建设范围外的场地未加以考虑。对照"三类空间"和土地利用现状分类表,将绿色空间范围进一步扩大,包括生态空间在内的所有土地类型,以及农业空间中的耕地和部分其他用地,具体指园地、林地、草地、公共管理与公共服务、水域与水利设施、耕地及其他用地共7个一级分类和其下的29个二级分类。

基于新的绿色空间定义,从基质完形、廊道构建和斑块保护3个方面构建完整的绿色空间体系。基质完形从生态安全保护、雨洪安全保护、一般农田提升和优质裸地提升方面建立;廊道构建按城市廊道的功能需求,分为生态廊道、通风廊道和游憩绿道;斑块保护主要是针对具有生态功能的大型节点[8]。

1.1.3　城市绿地景观风貌

城市的面貌是一个城市的生命和区别于其他城市的特有个性。城市绿地景观风貌是城市风貌的重要组成部分,构成整个城市环境的基底。城市绿地景观风貌顾名思义,就是城市绿地景观所展现出来的城市风采和面貌。城市绿地景观风貌是指城市在不同时期历史文化、自然特征和城市市民生活的长期影响下,形成的整个城市的绿地环境特征和空间组织;同时也是以人的视角,观察和体验城市绿地空间和环境,以及构成城市绿地景观的建筑、公共设施等多种视觉要素后给人留下的感官印象,它是具体的,与人的活动和体验密不可分。

城市绿地景观风貌是绿地景观作为视觉景象、作为系统和作为文化符号的综合体现。城市绿地景观风貌的营建,不仅给城市中的居民以及外地游人一个休闲娱乐的空间,也对传达城市文化、强化城市特色景观、塑造城市自身风貌品质、完善城市功能布局起到了潜移默化的作用。城市绿地景观风貌研究的对象主要是城市文化、传统习俗以及城市的内在精神所影响下的城市绿地景观,评价的目标是视觉等感官印象给人的主观感受和所引发的心理感受的优劣。既取决于客观上构成城市绿地的要素组合,如植物、广场、小品等,同时在主观上又受到城市居民的影响。这些要素共同作用于城市,同时作用于城市的绿地景观,形成不同的城市绿地景观风貌。但对于不同的城市,其城市绿地景观风貌在特定的环境条件下是以某个或某几个因子成为主导因子。因此,只有在充分解读了城市的风貌要素的基础上,突出展现主导因子,才能创造出个性鲜明给人留下深刻印象的城市绿地景观风貌[9]。

1.2　国外城市绿色空间体系规划相关研究综述

1.2.1　理论方面

1.2.1.1　公园运动和公园体系

在 1833 年的英国议会上,首次提出利用公园绿地的建设,以绿色来改善环境不断恶化的城市。在其后几十年间建造了大量城市开放公园,如摄政公园、伯肯海德公园等。19 世纪城市公园的发展促进了公园绿地系统的形成。1853 年,巴黎行政长官奥斯曼着手巴黎城市的改造。奥斯曼分别在城市的两侧建造了布洛尼林苑、文塞纳林苑两个城市公园,几年后在两个公园间建成了宽阔的林荫道,同时,在巴黎市区内建造了一些近代公园。这些公园体系不仅大大改善了城市的环境,更重要的是改变了巴黎的城市结构,为近代城市的形成奠定了基础。1858 年,"美国造园之父"奥姆斯特德因为其设计的纽约中央公园带来了一场城市公园运动,同时公园系统论这一概念被他提出,即将公园有机地联系起来,突出植物景观的特色,让生态环境受到重视。它带动了美国 19 世纪晚期至 20 世纪早期的公园发展。到 1880 年,美国 200 个城市 90% 以上建立了公园[10]。城市公园改变了城市居住模式,促进了邻里联系,重构了个性化生活[11]。奥姆斯特德第一个从自然、生态的角度来看待城市公园的建设,并将自然风景园推上了美国公园运动的浪潮顶端,对城市绿色空间的规划建设有着启蒙的影响。

1.2.1.2　区域整体论和自然观

英国的霍华德在 1898 年发表了《明日——一条引向真正改革的和平

道路》[12]一书,提出了田园城市的思想,认为城市和乡村存在着相互影响、相互吸引的磁力,乡村能够为城市提供优美的、良好的、淳朴的环境的同时,也从城市那里获得人们生活所需的物质。他也不主张城市没有限制地盲目蔓延,而是提出在城市周围建设环形的绿色控制带来限制城市的无序蔓延,同时保护城市外围的耕地和乡村。在"田园城市"理论的指导下,英国于1904年建造了第一座"田园城市"莱契华斯,1919年建造了第二座"田园城市"维列恩。

帕特里克·盖迪斯[13]在现代城市规划史中深具影响力,他在其著作《城市发展》和《进化中的城市》中提出了按自然区域的相关特征搭建城市规划的基本框架,这种将城市置于区域自然背景中进行考虑的区域观与自然观,准确地把握了绿色空间和城市空间结构的关系。盖迪斯的区域观认为,城市进一步扩散到更大范围就形成新的区域发展形态,城市规划就成了城市和乡村结合在一起的"区域规划";把"自然区域"作为规划的基本框架,将人文地理学和城市规划紧密地结合在一起,就形成了较完整的科学的区域规划理论。"流域垂直分区"思想较好地表现了盖迪斯的自然观,表达了人的行为与环境的相互关系。这种规划思想超越了城市的界限来分析聚落模式和区域的经济背景,将自然地域作为规划的基本骨架,强调"按事物本来的面貌去认识它,按事物应有的面貌去创造它",自然观是盖迪斯进行规划的最基本原则。

1929年的纽约地区规划、1944年的大伦敦规划[14]、1971年的莫斯科市区规划等都不同程度地表达了盖迪斯的规划思想。芬兰的建筑师沙里宁从盖迪斯那里受到了影响以及获得了启发,认为城市的发展应该预留一定的增长空间,城市与城市之间的增长应留有一定的空隙,像细胞生长那样,称之为"有机疏散"[15]。即城市的发展有一定的限度,这时老城周围会生长出独立的新城,而老城则逐渐衰落并需要彻底改造。

刘易斯·芒福德将霍华德的思想和盖迪斯的理论相结合,提出了区域规划理论思想。他认为城市、村庄和农田存在于同一个区域,城市只是这个区域内的一部分而已,那么,一个成功的城市规划是将城市作为一部分,有机地与乡村、农田结合,利用乡村和农田来控制城市的增长。他还认为乡村、农田所构成的自然环境比以人工环境为主的城市要重要很多,自然环境的衰败直接导致城市的衰落。

1.2.1.3 景观生态规划和大地景观

1969年,麦克哈格的《设计结合自然》提出了景观生态规划理论,把风景优美和生态良好的自然资源纳入风景规划,从而形成人工打造的自然生态系统,将自然保护和土地利用有效地结合起来,倡导绿色规划为先的规划思想,由此,他还首先提出了"千层饼"模式来分析土地的适宜性,以指导生态系统和城市发展从自然特征和土地利用状况里找到最合适的环境,从而保证土地的利用方式是最优的。J. O. Simonds 被称为 20 世纪美国最受尊敬的风景园林师。1950 年代,其《风景园林学:人类自然环境的形成》成为美国现代风景园林史的里程碑著作[16]。他从生态学出发,强调设计遵循自然,科学利用与保护土地;把自然看作风景园林艺术美的源泉,防止生态环境破坏。他在《大地景观》(1978)中提出,在农田、城市植被和城市框架中建立全新景观[17]。他认为,绿色空间规划的本质在于推进人与自然和谐,而不是仅仅纠正技术和城市发展带来的污染和灾害。他在 Landscape Architecture:a Manual of Environmental Planning and design(1987)中,提倡区域绿色空间连续性,有效保护城市生物多样性。1994 年,他提出高效、健康、活力的花园—公园城市模式[16]。和 Mcharg 叠层规划法相比,他对自然的改造与利用更具灵活性与艺术性。

　　城市是由多个如社会、经济、自然等系统共同组成的一个复合的生态系统,要使城市与自然环境和谐共处,就必须将城市放在区域环境中去分析、去研究,而不仅仅是去关注技术,应该让自然生态环境去解决城市发展所带来的问题,提倡绿色空间在区域内的连续、人与自然的融洽,以此来保护生物多样性。Simonds 提出的花园—公园城市模式既高效又具有健康与活力。

1.2.1.4　生态网络规划和绿道

　　可持续发展观成为人类发展的主题,从生态角度将绿色空间网络化作为城市绿地规划的基本战略,现代信息科学技术的运用为城市绿色空间规划提供大量及时、客观、可靠的基础信息。这时候进入了生态基础设施的理论探讨和实践摸索的阶段,绿道被纳入生态基础设施范畴,其思想被作为保护城市生态结构和功能、构建城市生态网络及城市开放空间规划的核心。

　　1892 年,绿道最早出现于纽约 Adirond-ack Park 规划,当时称为“绿径”,是规划图上的线性区域,由道路、森林、居住区构成[18, 19]。绿道形成受到田园城市影响,同时糅合了景观规划论中都市开敞空间的设计思维。“绿道”一词的正式提出是在 1987 年美国总统委员会的报告中,现已成为北美城市绿色空间规划的重要思想[10, 20]。查尔斯·E. 利特尔在《美国绿道》(Greenways for America)中为绿道作了定义:绿道是沿着河滨、溪谷、山脊等的自然走廊,或是沿着游憩活动的废弃铁路、沟渠、风景路等人工线型开敞空间。这是广义的线型开敞空间的总称,用来连接各种分散在其周围的绿地,包括从自行车道到引导野生动物迁移的栖息地走廊,从城市滨水带到远离城市的溪岸树荫游步道等。按形成条件与功能绿道分为河流型、游憩型、自然生态型、风景名胜型、综合型五种类型[10]。它不强调对景观的改变和控制,而将主要视角放在河滨、山谷、路边等环境敏感区,降低了获取土地的难度。绿道以乡土自然植被为主,在保护自然的同时,充分利用其自然资源为人类服务[21]。

绿色基础设施的定义扩展了绿道的概念,被定义为包括生态系统服务在内的相互关联的绿色网络,保护生态系统的价值和功能,并为人类提供惠益。为了维持可持续的生态系统服务和城市系统的生物多样性,应利用多尺度枢纽和走廊构建城市网络。绿道不仅在连接生态功能方面发挥重要作用,而且通过连接人们可用的绿色空间,提供城市连通性。

1.2.1.5 绿色空间技术

1960年以来,绿色空间信息处理开始采用计算机技术来辅助其规划或解决建设中遇到的难题,出现了如3S、机械制图等技术。90年代以后,有关绿地的规划引入了决策支持系统(DSS),成为规划方法向新的方向发展的转折点。这些技术的应用,提高工作效率的同时降低了人为的影响,使规划更具有科学性。而现在,应用最广泛也是最具科技代表性的是美国现代信息技术,它从监测、模拟、评价城市绿地到收集资料和共享数据,以及进行空间信息的提取和分析、景观数据的分析和图纸表达,对土地利用进行动态监测、管理、远程设计和施工等方面都有涉及,并为人们在进行景观或者土地利用规划时提供了很大的方便。除此之外,它在监测植物生长、景观模拟、遗址景观恢复等领域也显示了广阔的应用前景[22]。

1.2.2 制度方面

在制度方面,西方国家就绿色空间问题相继出台了一系列法律法规。美国于1851年制定了第一个绿色空间建设的法规——《公园法》(*Park Law*),迈出了绿色空间方面法规建设的第一步,并取得良好成效;英国于1877年制定了《大都市开放空间法》(*Metropolitan Open Space Act*),为伦敦开放空间的获取和管理提供了法律依据。欧美国家的城市绿色空间建设逐渐走上法制轨道。

1933年由国际现代建筑协会(CIAM)制定的《雅典宪章》更加明确地指出了城市绿色空间的重要性及其与城市居民的各种功能联系。随着城镇化进程的加快,国外对绿色空间的保护规划逐渐增加,20世纪60年代美国纽约的区域规划协会和新泽西等地陆续出台了绿色空间保护的相关规划、专项基金以及法律法规等,重在强调城市的发展不能以牺牲绿色空间自然生态为代价。随后一系列国际性的法律规章文件不断颁布,例如1972年巴黎的《保护世界文化和自然遗产公约》以及1976年的《内罗毕建议》等。

　　作为控制城市不断蔓延的有效措施,环城绿带规划建设至今仍广为国内外城市所运用。早在 20 世纪 50 年代,伦敦、莫斯科、巴黎和东京等许多世界级大城市开始规划建设环城绿带,这对于改善城市生态环境、提升居民人居环境质量产生了重要的作用。英国是较早进行规划和建设环城绿带的国家。最初是由规划师恩温在 1927 年开展的大伦敦区域总体规划中,提倡规划一条环绕伦敦市中心区的带状绿地,以避免城市继续向外扩张;同时指出该条绿带不仅具有生态防护的功能,同时还可进一步促使整个城市的空间布局更加科学规范。在 1935 年,大伦敦区域规划委员会发表了修建绿带的建议,确定了伦敦绿带的基本思想。英国是最早实施规划立法限制土地开发的国家,保障了区域绿色空间的严格保护与有效控制。在英国的城市规划体系中,绿带有效控制大城市增长,通过对内城环、郊区环、绿带环、乡村环四个环形地带区域内开发活动的禁止,来保证农业、森林和户外休闲活动的可能[23]。

　　随后至 1938 年,英国伦敦正式颁布了《绿带法》[24],随后于 1944 年由阿伯克隆比主持大伦敦规划(*The Greater London Plan*),总体形成了由绿带限制城市的蔓延,并界定中心城区与卫星城的大伦敦城市发展空间布局,其成功的绿地规划建设模式和经验推动了全英国范围内的绿地建设及其相关规划法规的完善。

1.2.3　实践方面

1.2.3.1　大波士顿区域公园体系

　　19 世纪末,在奥姆斯特德波士顿公园体系之后,其学生查尔斯·爱里沃特和他的同事们共同规划了一个市域层次的更加综合的大波士顿地区公园系统方案。规划通过调查植被、地形、土质等状况,充分考虑防止灾害、保护水系和景观等因素,明确了 129 处应该保护和需要建设的开放空间的位置和面积,并将这些开放空间按照所处的地理位置和自身内在属性分为了五大类。规划把主要河流和基本连通的大型空间融入区域外围,从而在 650 km² 市域范围内,创建了开放空间的框架和格局[22]。波士顿大都市公园体系将人工文明与自然景观和谐统一,打破了公园本身的界限,也模糊了城市与自然之间的分野。城市公园不再是在城市当中突兀地矗立,而是与城市文明融为一体,项链式的公园体系,将数块孤独的城市空间链接在一起,给予都市人群自然空间以及蕴涵其中的静谧、单纯与自由的活动空间,形成了人与环境并重的系统性的绿色空间。

1.2.3.2　马萨诸塞州开敞空间规划

　　1928 年,爱里沃特的侄子查理斯·爱里沃特的马萨诸塞州开放空间规划,是第一个综合性跨州层次的开放空间规划。规划将现有的以及建议的开敞空间通过河流和道路连接,把各个城市地区也看作是开敞空间,是道路的连接点。纵横交错的河流和道路改变了独立、分散、无系统的绿地布局,在整个州域内形成了综合性的绿色通道网络。这一规划促使人们对片面追求经济增长的发展模式提出质疑,城市生态环境保护日益受到重视,同时西方城市规划自此更加注重将自然引入城市,构建城市与自然一体的生态网络体系。

1.2.3.3　佛罗里达南部生态网络

佛罗里达南部原有的自然景观因农业和城市的发展而变得破碎,为阻止破碎度增大,设计了生态网络将城市、乡村以及自然景观有机地联系起来,每一条绿道的结构和功能与其经过的地区的地理环境和文化相适应,对生物多样性的保护、动植物的迁移以及市民的休闲游憩都起到了积极的作用[22]。

对于每一条游径的线路选择和实施策略都谨慎考虑,尤其会优先考虑其在生态方面的影响力。由此可见,佛罗里达州绿道规划层次和手段以生态保护为优先、以社会经济价值和居民体验为重点的原则也保障了多目标之间的良性互动。一方面,良好的生态环境为户外体验提供了可能,另一方面,随之而来的经济价值、旅游和税收能为生态构建提供资金保障[25],推动着生态网络的进一步发展与完善。

1.2.3.4　新加坡公园连接道系统

新加坡是一个被包裹在街道景观以及公园等绿色空间之中的城市,被誉为"花园城市"。公园连接道系统是新加坡转变为花园城市的重要组成部分[26],借助大型的公园连接网络,人们可以尽情地享受各种娱乐和休闲活动,例如沿着公园连接道慢跑等。公园连接道系统主要由5条环路构成,该系统具有良好的整体性,同时还将环线所经过的地区特色完美融入公园体系中,真正做到将生态环境、娱乐趣味、文化特色、休闲健身融为一体[27]。一方面,在建成区营造自然廊道,让鸟类能从一处自然保护区迁移到另一处,帮助它们寻找食物或繁殖地;通过设置绿道连接大公园和鸟类的自然栖息地,增加了全岛鸟类的数量和种类。另一方面,形成连接公园的网络,使公众能更容易地到达公园用地,增进公园、自然保护区等绿色开敞空间的可达性和生物多样性,提升环境宜居品质及热带花园城市形象[26],进一步增进了绿道网络的规划和建设的完整性。

1.3 国内城市绿色空间体系规划相关研究综述

1.3.1 理论方面

1.3.1.1 相关概念的界定

一、城市开放空间和城市开放绿色空间

"城市绿色空间"概念随着研究的不断深入与成熟,经历了 3 个阶段:城市开放空间、城市开放绿色空间以及城市绿色空间。

城市开放空间是城市绿色空间研究的初级阶段,城市化发展带来的环境高度密集化、人际关系淡漠化,使人们在工作生活中的身心消耗和精神疲惫无法及时得到缓解,所以需要开放的空间,例如建立公共广场,释放压力与恢复精神。

城市开放绿色空间强调空间的"开放性"和"绿色性",是学者对于城市绿色空间研究的摸索阶段。19 世纪末,世界各国尤其是发达国家纷纷意识到城市化所引发的"城市病"对国家造成的危害,同时也意识到只有当城市开放空间拥有植被和水体时,才对人们的休闲游憩有真正意义。所以世界各国都着力建立城市公园、廊道、绿带等各种形式的城市开放绿色空间[28]。

二、城市绿色空间

国内,城市绿色空间通常以"城市绿地"代之。2002 年《城市绿地分类标准》中将城市绿地分为公园绿地、生产绿地、防护绿地、附属绿地与其他绿地 5 大类;2017 年《城市绿地分类标准》为了进一步规范绿地的保护、建设和管理,将城市绿地分为公园绿地、防护绿地、广场用地、附属绿地和区域绿地。对于绿色空间的概念探讨主要分为以下几类:

第一类是自然与人工环境协调型,以欧盟和英国为代表,认为城市绿色空间是下垫面非硬化的开放空间,包括户外活动场地、公园、森林、墓地、河流以及步行道。

第二类是我国以常青、王保忠、何子张、李锋等人为代表的观点——自然环境主导型,认为城市绿色空间是以绿色生态环境为主的空间,包括森林、河流、公园、农田等。例如,常青等认为,"城市绿色空间是由具有光合作用的绿色植被与其周围光、土、水、气等环境要素共同构成的具有生命支撑、社会服务和环境保护等多重功能的城市地域空间",并指出,绿色空间是以绿色植被作为主要表象,不同的组成要素和人类活动干扰程度,使城市绿色空间具有不同的外部特征和功能[29]。何子张认为绿色空间是"城市及农村建设用地之外的绿色开敞空间,包括绿化用地、河流水域、耕地、园地、林地及其他非建设用地"[30]。叶林依据人类活动参与程度和自然状态进行总结，并将城市绿色空间（简称绿色空间）定义为：城市规划区内，环绕包裹城市建成区，以维育生态、保护土地为核心功能的自然或近自然开放空间系统，就近保障和服务于城市的"生态、生产、生活"复合需求[31]。

第三类是在国土空间规划的背景下，黄婷婷等[8]从土地利用分类的角度，将绿色空间定义为国土空间中具有生态属性的用地。对照"三类空间"和土地利用现状分类表，将绿色空间范围进一步扩大，包括生态空间在内的所有土地类型，以及农业空间中的耕地和部分其他用地，具体指园地、林地、草地、公共管理与公共服务、水域与水利设施、耕地及其他用地共 7 个一级分类和其下的 29 个二级分类。

本文将城市绿色空间按地域分为 3 类（表 1-1），为后续绿色空间体系的构建与空间布局提供指导。

表 1-1   以地域划分的城市绿色空间

名称	地域空间	界定标准	表现形式
城内绿色空间	主要集中于城区	包括公园、园林及可进入的城市自然区域	公园、街头绿地
城边绿色空间	主要集中于城郊	与城市边缘邻近的未开发建设土地	自然公园、林地、园林
非正式绿色空间	连接城郊与城区的各类绿色空间	人为设计的"自然"空间，以每公顷含有的绿地率或走廊宽度来衡量	水系、绿道、林荫道

表格来源：作者自绘

三、绿色空间体系

通常意义上，城市绿色空间体系是包括园林绿地、城市森林、都市农业、滨水绿地以及立体绿化等在内的绿色空间网络。王欣将其定义为：通过中观层面上的中心城区城市绿色空间网络系统建设，同时结合微观层面上的典型绿地生境单元营造，所共同构建出的具有生态格局、结构和过程的绿色空间体系[32]。

杜钦、侯颖等从生态系统的角度，认为城乡绿色空间是在城市、镇和村庄的建成区以及因城乡建设和发展需要，须实行规划控制的区域范围内，在分析绿地在空间地域上的形态与要素、结构与功能的基础上，有机地综合城市与乡村各类绿地，构成区域化、网络化的绿色空间[2]。

雷会霞、王建成认为[33]，随着休闲社会的到来，人们的活动场所也日趋多元化与开放化，已逐渐从内部公共空间扩展到外部广阔的自然区域与大地田园，城市绿色空间也从传统的内部公园向外部自然空间拓展，从而形成内外一体的绿色空间网络,他们因此将绿色空间体系定义为:既包含人工建设的公园绿地,也包括各类自然公园、河流水系和田园林地,在地理区位上为"荒野向城市实体过渡的区域"。

四、城市绿地系统

城市绿地系统是我国现行对于城市绿地建设的一个主要依据,是指以自然植被和人工植被覆盖的各类城市用地所组成的系统。其具有改善城市生态环境,满足居民休闲娱乐要求,组织城市景观,美化环境和防灾避灾等功能。由其定义来看就可以看出我国是把城市绿地看成绿色的开敞空间,主要是指有绿色覆盖的地区,定义范围虽然比较明确,但是含义却比较窄,主要是针对为城市居民提供各类休闲、游憩、服务功能的绿地,很多对于整个市域环境的生态、游憩、保护等方面具有重要意义的要素并没有涉及。

五、绿色空间体系规划与绿地系统规划的区别

我国传统的城市绿地系统规划是从属于城市总体规划的专项规划,它是在城市总体规划完成以后,根据需要编制的城市绿地系统专项规划。但传统的绿地系统规划总体布局大部分按照点线面结合,以及见缝插针的原则进行规划,对生态很少考虑,没有充分从区域与城市生态系统的角度来构建城市绿地的总体结构。而城市绿色空间体系构建从复合生态系统的角度出发,与城市绿地系统规划相比,在规划目标、规划范围、规划方法、内容、指标等各个方面都有较大区别(表1-2)。

表1-2　绿色空间体系规划与绿地系统规划区别分析

	城市绿地系统规划	城市绿色空间体系规划
规划目标	观赏、游憩和景观装饰为主	生态服务功能为主
规划范围	城市建成区	城市的不同空间尺度,例如市域、中心城区、典型功能区等
规划方法	多数以人工调控为主	多依靠自然调控和人工调控的结合控制,环、自生生态控制论原理,人工引导和自然恢复相结合,增强生态系统的自生能力
规划内容	规划指标主要针对绿地率,绿化覆盖率、人均公共绿地、人均绿地等指标	包括市域范围的生态安全格局(格局)、中心城区的绿色空间网络系统(结构)及典型绿地单元生境营造(过程)三个尺度
规划指标	规划指标主要针对绿地率,绿化覆盖率、人均公共绿地、人均绿地等指标	侧重于其实际的生态效应,如城市绿量、绿色景观、群落结构、经济效益及服务功能等

表格来源:文献[34]

1.3.1.2　我国城市绿色空间体系规划的发展阶段

1843 年,英国利物浦市建造了第一个城市公园——伯肯海德公园,此后,为了缓解由于工业革命带来的城市严重污染,美国"造园之父"奥姆斯特德设计了纽约中央公园,并且开始倡导"城市公园运动"。19 世纪末,英国人霍华德提出了"田园城市"理论;1929 年,佩里提出了"邻里单位理论";柯布西耶提出城市集中主义;以及此后《雅典宪章》的提出,沙里宁的"有机疏散理论"等等这些西方城市规划理论,都开始对城市绿地系统规划给予很大的重视,呼吁和提倡尊重自然的设计,对城市绿地的规划和建设进行了有益的尝试,为后来城市绿地规划理论的发展和逐步走向完善和科学化奠定了坚实的基础[35]。对我国的城市绿色空间体系的建立也具有启发作用。

一、城市绿地的起源

我国城市绿地起源较早,在两千多年前的秦汉时代就出现了许多大型城市,这些大型城市虽然包容了许多自然环境因素,但在城市中生活毕竟与大自然有一定隔离,尤其是难以欣赏到名山大川优美和壮丽的景色,因此从商殷的苑,到后来兴起的皇家宫苑和贵族宅院,里面都有大量的绿化装饰,绿地规划的思想逐渐开始萌芽。自东晋以来,私家园林逐渐从模拟自然的"自然山水园"向抽象自然的"写意山水园"过渡,山水景观的"人造自然"——城市园林产生了[35]。

我国封建时期城市绿地的思想主要受到封建统治阶级及佛教、道教及诗词、绘画等方面的影响,主要体现人与自然和谐统一的思想。绿地主要为皇家宫苑园林及私家园林,仅供少部分人休息、游玩、娱乐使用,种类较为单一。辛亥革命后,国家内忧外患,城市绿地系统规划理论大多由西方国家的城市规划理论发展演变,那个时期编制的《大上海都市计划》采用的就是西方国家城市绿化带环绕城市建成区的规划理念及相关城市规划理论[36]。此时的城市绿地,从布局上看,没有统一的空间规划,完全依附于城市设计的需要;从内容上看,主要依据设计者或所有者的审美观和喜好而定,缺少科学的依据;从功能上看,只是为了满足人的游赏的欲望,从形式到内容都是感性的产物。这主要是因为工业革命以前,城市规模普遍较小,人比较容易接触自然,同时,由于城市工业化程度较低,城市内没有出现大量的破坏生态环境的技术,城市中的生态问题和游憩问题没有暴露出来。因此,虽然许多理想城市设计中都蕴含着田野风光,充满着绿树花香,但对城市绿地的功能和地位没有涉及,城市绿地规划处于思想萌芽阶段[35]。

二、城市生态园林的起步

建国初期,国民经济恢复阶段,这个时期的城市园林基本上属于保护、整修和维持原状。我国在第一个五年计划时期(1953—1958),在城市规划中提出了完整的绿地系统的概念,结合城市改造和建设,建立了很多的公园绿地,在公园规划设计上,主要学习苏联文化休闲公园的模式,强调公园的功能分区,注重群众性文体活动。这个时期的城市绿地的规划设计是针对工业城市弊端,为了减轻环境压力而提出的,规划师往往认为城市绿地是城市或建筑物的陪衬,是为解决城市问题而设的,城市中人工成分和自然成分是分离的,有时候两者关系甚至会成为对立。这个时期人们对绿地的认识是比较模糊的,表现在城市规划中,绿地的面积、形状、位置没有很好地考虑到人与自然的关系,较为随意,这就导致了绿地的功能和地位不完整。1958 年,《北京城市建设总体规划初步方案》中首次运用了毛泽东提出的"大地园林化"的理念,贯彻了"大地园林化"的指导思想,为了避免城市建设"摊大饼"式的发展,在城市布局上第一次提出了"分散集团式"布局原则和规划方案,即将市区分成二十几个相对独立的建设区,其间用绿色地带相隔离,将园林、绿地、菜地、果园、苗圃及部分农田等都作为绿化隔离带的一部分。

1970 年代末,我国提出城市绿化"连片成团,点线面相结合"方针后,城市绿化进入快速发展阶段。1978 年改革开放后,开始重视景观、园林和园艺,并注重城市人均公共绿地面积和绿化覆盖率等定额指标,重视城市公园、居住区、单位附属绿地、道路及防护绿地的分类设计,出现了北方以天津为代表的"大环境绿化",南方以上海为代表的"生态园林绿化"。此时,由于六七十年代,欧美国家兴起保护生态环境的高潮,生态学的理论和方法被接纳到规划领域,虽然我国此时的生态学规划尚未大规模开始,但是受到西方思想的影响,已经开始重视公园内部的生态绿化,包括居住区的生态绿化,如齐昉[37]研究了城市居住区绿色空间的构成、影响等,认为在居住区内营造适宜的绿色空间可以有效改善城市环境问题,提高小区整体质量水平。1985 年,合肥市采用环城绿带与环城公园相结合的规划建设方式,并提出开敞式城市园林化是人与自然环境有机联系的最佳途径;通过林带、水系将建筑、山水、植物组成一个整体,形成"城在园中、园在城中、城园交融、园城一体"的园林城市艺术景观,满足了市民对公园多功能、多层次的要求,开创了我国"以环串绿"的绿地系统先河。

此时的城市绿地和绿地系统的规划逐渐有了部分生态绿化的思想,但尚未开始用生态学的方法去研究整个城市的绿地系统,仅仅局限于单一公园内部的生态化建设。

三、城市绿地的生态规划

从 1989 年召开第一届景观生态学讨论会开始,我国一大批学者开始了景观生态学的研究。在生态理论的引导下,行业逐渐开始思考城市绿色空间的生态功能、地位,并开始从生态性来考虑城市的绿地规划。20世纪 80 年代后,我国经济飞速发展,随着环境保护意识的加强,我国提出了中国城市和乡村都要园林绿化的目标,中国城市绿地系统规划渐渐走上正轨。

我国最早在城市绿地系统规划中融入生态学规划的理念是在马世骏等[38]提出"社会—经济—自然复合生态系统"理论后,我国的政治和经济体制正处于转型期,城市发生巨大变化,城市绿地系统规划建设也急需转变以前的建设思维。1992 年,钱学森提出了山水城市的概念,用中国传统园林的手法和山水诗画的意境来进行城市设计,推动我国城市绿地系统规划理念逐步进入一个新的历史时期[39],开始注重解决城市生态环境问题、塑造城市形象等方面。此时,诸多学者分别从不同的方面展开了对于城市绿地与生态学的研究。

北京大学俞孔坚教授等人首次提出在城市绿地系统规划中将景观生态设计与城市设计相结合,并建议运用生态学原则、地理学的调查手段和城市规划的设计理念进行绿地系统规划[40]。唐东芹等以景观生态学的观点分析了城市园林绿地系统及其在城市景观中的作用与功能,阐述了可供借鉴的规划设计原则,并提出了结合景观生态学原理进行研究规划设计的方法、途径及定量测度指标[41]。杜钦等[2]从生态角度阐述连续完整的绿地系统的重要性,阐明区域化、网络化绿地系统开展的必要性,由此提出城乡绿色空间的概念,总结了国外绿地系统规划的控制、连接、融合三种思想,并指出其对城乡绿色空间概念和规划建设的启示,为国内区域化、网络化绿地系统的研究提出借鉴。随着景观生态学的研究不断深入,GIS 技术的应用逐渐增多。孔繁花、尹海伟以济南市为例,通过 GIS平台,采用最小路径方法,对潜在的绿地生态网络进行了构建与模拟,并基于重力模型和网络连接度的 4 个景观指标,对绿地斑块间相互作用强度与生态网络结构进行了定量分析与评价[42]。

四、城市绿色空间的提出和发展

我国对于城市绿色空间的研究、建设其实一直在进行,从城市绿地的建设,到系统的城市绿地规划,但这些都仅仅局限在单一的城市绿地层面,而对于含义更广泛的城市绿色空间的研究则还没有开始。李敏最早通过对人类聚居环境绿色空间的发展轨迹进行总结,对绿色空间的概念进行了辨析,此时我国对城市绿色空间的研究进入起步阶段,也为后面更多的城市绿色空间实践提供了理论参考[43]。随后,常青等[29]总结了国内外城市绿色空间概念和类型,从城乡边缘区规划保育、生物多样性保护、绿色廊道恢复规划、自然区与乡土物种恢复保护,以及绿色空间结构功能研究和管理政策等方面,分析城市绿色空间近年来的研究状况,探讨国内外研究与实践的不同之处,在此基础上提出城市绿色空间未来研究的主方向。

李锋、王如松[44]从绿色空间研究角度和尺度、规划方法和建设方式、评价指标以及服务功能等方面分析总结当前城市绿色空间规划建设存在的问题,并从复合生态角度提出建设策略和措施。孙海清、许学工则从土地利用类型的角度,以北京市的土地变更数据为基础,总结北京市绿色空间格局演变的影响因素和特征[45],为未来城市的市域生态建设与土地利用做了范例。傅凡、赵彩君从绿色基础设施角度提出分布式城市绿色空间系统,强调绿色空间在城市中的均衡性,以使更多居民从中获益。王思元[46]以景观生态规划相关理论为基础,不仅阐述了城市边缘区绿色空间的概念以及相关理论,还提出了城市边缘区绿色空间理想模型、规划途径和促成机制。这对于以后城市规划中的边缘区绿色空间生态景观的打造具有巨大的借鉴意义。随着我国城市不断快速发展,城市规划也不断提出新的规划策略来应对新的城市发展问题,如城市双修、海绵城市等理论,此后基于这些城市规划理论,我国学者对城市绿色空间的研究也越来越多。

五、基于城市双修的绿色空间网络体系规划

2017年住建部发布《关于加强生态修复城市修补工作的指导意见》推动开展"城市双修"工作,旨在解决快速城市化发展带来的空间不足、生态环境恶化、历史风貌遗失等问题[47]。"城市双修"包含两方面的内容,一是"生态修复";二是"城市修补"。"城市双修"要从全局考虑,系统性地修复生态环境,精细化地修补物质空间,以统筹全域的空间结构、景观风貌并延续城市肌理[48]。自2017年以来,诸多学者对"城市双修"背景下的城市绿色空间网络构建进行了研究。

蒋鑫、李倞、王向荣等从经济、社会、文化、生态环境等多个方面综合考虑更新绿色网络,将绿色空间体系作为城市重要的基础设施,结合旧城区存在的若干"城市问题",构建功能完善、生态效益突出的绿色网络[49];并且以北京地坛公园的旧城区绿色空间更新为例,打造出绿色基础设施、绿道网络和生态网络完善的北京旧城区,为老城区的绿色空间营造提供了借鉴参考。

2019年,刘心梦以北京市"德胜门—西直门"周边区域为例,有针对性地提出了空间织补、局部更新、功能转化的更新策略,还系统地提出了绿道规划设计、雨洪管理规划、公共空间节点设计、便民生活型空间等十种绿色空间网络专项规划,有助于区域空间结构的优化、生态环境的改善、历史风貌的保留,也为我国城市的旧城区更新提供借鉴[50]。

任姿洁[51]则讨论了城市绿地系统与城市双修的关系,通过对国内外绿地系统规划的案例进行分析。其遵循整体性原则、生态优先原则、协调发展原则、以人为本原则、近远期相结合原则以及彰显特色原则和问题导向原则等,对平阴县城市绿地系统进行重新布局规划,通过修复城市山体、水体、修补道网络等对城市绿地系统进行规划。

冯雪[52]对前人研究进行总结,归纳出城市绿地系统的生态、系统、功能和文化四方面内涵,进而结合传统绿地评价指标、地方实际情况并借鉴评价相关经验,采用层次分析法,选取相应的评价因子,建立完整的"城市双修"理念下绿地系统评价模型。这给双修背景下的绿地系统评价提供了新的、更具针对性和精准的评价方法。

六、国土空间规划改革背景下的城市绿色空间规划

随着城镇化进程的加快,城市绿色空间已成为城市宜居性和可持续发展的重要体现。在生态文明建设提出建构"山水林田湖草"生命共同体的背景下,如何构建城市绿色空间系统、最优化发挥绿色空间的功能与价值,已成为当前国土空间规划领域关注的关键内容。探讨在国土空间背景下的绿色空间体系规划、划定严格的空间保护建设等级和严格分类管理,对于国土资源统筹保护和修复具有重要的意义[32]。对国土空间背景下的城市绿色空间规划,学者主要从政策和管理制度,以及具体的绿色空间体系建构方法两个方面进行研究。

在政策、管理制度方面,许士翔、安超、李珏认为国土空间规划背景下的城市绿色空间规划由于其工作内容的复杂性、管理部门多样性等原因,导致其存在管理制度刚性不足、实施不到位、数量规模结构性不足、绿色空间的功能结构不完善等问题,这些都影响了城市绿色空间创造美丽人居环境,丰富城市生态系统,改变城市面貌的功能发挥。针对这些问题,其提出下一步需要从优化绿色公共空间规划程序、完善绿色空间管理制度、加大建设力度、加强公众参与等方面入手,以期进一步提升新时期城市绿色空间规划建设管理水平[53]。张浪等[54]通过解析国土空间规划主要内容,阐明了城市生态网络规划多层次转型需求、规划定位与衔接关系,并从整体规划框架、多元体系构建、城乡要素统筹、分级分类划定、空间控制实施5个方面构建城市生态网络体系。

在具体的绿色空间建构方法上,王琦[55]认为我国之前的绿地规划缺乏系统性、协调性和合理性,并且提出了以人为本的绿地规划设计理念,从构建多元化规划机制、构建全域绿地系统、明确绿地与国土空间规划关系,强化绿色空间网络和山水格局连续性等方面来优化城市绿色空间布

局。雷会霞等[32]人则从国土空间背景下的自然保护地入手,系统论述和梳理了城市绿色空间与自然保护地体系的概念及内涵,明晰二者在逻辑关系上的传导、在研究尺度上的关联、在供给需求上的转换及在空间承载上的层次等关系;在此基础上,融合相关研究成果,提出自然保护地体系视野下城市绿色空间构建的思路与策略,并在秦巴腹地汉中市予以实践应用,为国土空间背景下的自然保护地绿色空间建构提出了新的思路。

七、公园城市背景下的绿色空间体系规划

"公园城市"建设理念是对城市规划与建设总体方向的思考与要求,强调了城市的绿色空间建设要坚持以人民为中心的发展思想,需要专业工作者针对城市建设问题与发展需要,通过深入研究,提出区域绿色空间的体系优化和品质提高的科学、可行的发展策略[56]。公园城市为当前城市营建和人居环境建设指明了方向,城市绿色空间作为公园城市的主要空间载体和意象构成,是构建"山水林田湖城"生命共同体的重要内容[57]。

吴明豪等[56]梳理了近现代以来城市与风景园林规划理论和研究的发展脉络,提出了"公园城市"建设需要"顺自然之理、营人文之韵",城市绿色空间构建应该从生态和文化两方面考虑,建设尊重自然的、满足人的需求的可持续、高品质的城市绿色空间体系,真正达到整个城市就是一个大公园的美好目标。许士翔等人探究了城市绿色空间促进城市发展的主要功能和作用机制,并提出优化城市绿色空间分析规划建设管理的政策建议,认为在公园城市建设背景下,城市绿色空间规划管理建设应当加以重视,同时方法、方式也应更加科学合理,以期为进一步优化城市人居生态环境、促进公园城市建设提供借鉴[57]。以人为本是城市绿色空间规划的重要原则,在公园城市的背景下,更要以人为本,优化人居环境。公园城市自提出以来,研究对象层面以北上广深一线城市为主,缺少中小城市的针对性研究。薛妍[58]以遂宁市新区为例进行了城市绿色空间的研究,将城市新区绿色空间的规划模式从单一的平面建构转向生态、生活、生产三个层次的竖向叠合,建立了横向构建、竖向叠合的多维度规划框架;通过对三生空间竖向叠合的多维度框架,适应中小城市的绿色空间建构,给其他的中小城市提供了建设的蓝本。

李玉婷等[59]则在公园具体的规划、建设管理方面等微观具体的层面进行研究,通过对成都锦城公园的规划发展历程的全面评述,总结其建设工程、规划设计、管理维护3大方面的问题。以公园城市的内涵为根本出发点,在规划设计方面制订实操性质内容,打破各专项系统间的隔阂;在建设工程方面提出改变传统建设理念,提高服务功能水平;在管理维护方面提出制订分级分类体系,建立多重保障机制。张峻珩为了构建多层级的公园与游憩体系,创造以人为本的宜居生活环境,提出针对不同城市区域的绿色空间条件,应因地制宜进行规划研究,通过深度挖掘特征,精准构建格局,灵活发展指标,从而制订有针对性和可行性的规划策略,将公园城市理念有效贯彻到区域绿色空间规划中[60],并且在对房山的分区规划中取得不错的效果。以上都是对于从政府政策层面的解读以及学术层面的解析来提出公园城市背景下的城市绿色空间建构策略。而杨茅矛等[61]从赋能角度就公园城市背景下的绿色空间价值转化问题进行探讨,并尝试构建符合价值转化的绿色赋能空间体系,为公园城市的投资、开发、运营管理提供永续发展策略,对于公园等绿色空间的高成本投入后如何做平"账本"这一核心问题提出有效方法和策略。

八、城市绿色空间的评价体系建构

我国城市绿地的量化工作起步于新中国成立后,20 世纪 50 年代主要指标有树株数、公园个数与面积、公园每年的游人量等;1993 年,建设部发布《城市绿化规划建设指标的规定》确定指导我国城市绿地规划建设的三大指标,即人均公共绿地面积、城市绿化覆盖率和城市绿地率[3]。然而随着城市的不断发展,城市需要的更多的是高品质的绿色开放空间,城市绿色空间体系的评价也不能仅仅依靠几个单一的指标,更多的是要考虑城市的生态、绿色空间网络的建构。由此许多学者基于不同方向提出评价体系。

陈春娣等对欧盟国家城市绿色空间综合评价体系进行综合分析研究[3],认为我国现行的三大指标没有反映出绿色空间本身的结构、功能等质量状况以及社会、生态等效益。随着我国对于城市绿色空间规划的进一步重视,园林、生态学等不同研究方向的学者,从自然环境、社会、管理、规划、经济等各种不同的角度提出了城市绿色空间评价的指标。一些新的方法不断被尝试,包括层次分析法[62]、美学质量测定方法[63]、生物指示法,特别是最近几年,随着景观生态学的迅速发展,出现较多采用景观生态格局的分析方法[64],例如徐阳[65]就以城市边缘区绿色空间相关理论和生态敏感性评价作为理论基础,对宿迁市湖滨新区进行综合生态敏感性评价,并针对不同的生态敏感性区域提出了相应的建设对策,可明确区域的建设开发范围以及强度,从而优化城市建设的用地布局,对提升区域生态系统服务功能具有重要的科学理论指导意义。

随着现在计算机技术和地理信息系统的发展,3S 技术的应用也不断受到重视,并开始应用到城市绿色空间的评价上[66]。这些研究成果极大地推动了中国城市绿色空间指标体系研究。相继出台的《国家生态园林城市标准》《生态县市省建设指标》《国家环境保护模范城市考核指标》等国家标准中,也参考了这些成果。本文主要介绍欧盟国家城市绿色空间评价指标体系,以期为我国开展相关研究和实践提供一些参考。

如今,在国土空间规划的背景下,汤大为等[67]以新时代国土空间规划为指引,在分析绿地系统规划变革和传统城市绿地系统规划评价问题特征的基础上,对城市绿地系统规划评价体系优化进行了探索,为城市绿地系统规划评价逐步走向定量化、合理化、科学化提供一定的参考。

1.3.2 制度方面

我国自新中国成立以来,就格外重视城市绿地的建设,在第一个五年计划时期,就提出了完整的绿地系统的概念。1958 年,《北京城市建设总体规划初步方案》中首次运用了毛泽东提出的"大地园林化"的理念。改革开放以来,我国经济快速发展,人民群众对于城市绿地的需求越来越高,同时也出于保护生态的考虑,国家为城市绿地的建设出台了一系列的政策,促进了城市绿色空间的不断发展。1990 年,《中华人民共和国城市规划法》的颁布使城市绿地规划开始从法律上得到保障。同年,《上海市浦东新区环境绿化系统规划》首次把城市生态绿化纳入"社会—人口经济环境—资源"这个城市发展的大系统中予以考虑,为改善城市生态环境,运用城市生态论和风景建筑学理论,开始探索城市生态绿化系统规划思路,同时制定了对应的相关指标[36]。

1992 年我国提出创建"国家园林城市"是根据《国家园林城市标准》评选出分布均衡、结构合理、功能完善、景观优美、人居生态环境清新舒适、安全宜人的城市。1996 年《园林城市评选标准》又进一步明确提出"改善城市生态环境,组成城市良性的气流循环,促使物种多样性趋于丰富"及"逐步推行按绿地生物量考核绿地质量"等条目。从 1992 年的以绿地率为标准到 1996 年提出生态方面的概念可说是一大飞跃[68]。在园林城市、生态园林城市的政策下,我国城市绿地系统规划逐渐走向正规标准化。各个城市相继开展完善各自的绿地系统的建设,我国的城市绿地系统规划建设迎来了发展的高潮。2001 年 5 月,《国务院关于加强城市绿化建设的通知》(国发〔2001〕20 号)中着重强调:"城市绿化工作的指导思想,是以加强城市生态环境建设,创造良好的人居环境,促进城市可持续发展为中心;坚持政府组织、群众参与、统一规划、因地制宜、讲求实效的原则,以种植树木为主,努力建成总量适宜,分布合理,植物多样,景观优美的城市绿地系统。"这一决策,对于推进我国城市环境建设,优化城市品质,促进社会、经济可持续发展,具有十分重大的意义[69]。

在 2003 年,胡锦涛的讲话中提出了科学发展观的主要内容:"坚持以人为本,树立全面、协调、可持续的发展观,促进经济社会和人的全面发展。"科学发展观提出要统筹兼顾生态保护和社会发展之间的关系,为此一些地区在构造"循环经济""生态补偿制度""工业生态园""全过程无害化控制""绿色化学体系"等,其根本目的都是在维系人与自然之间的协调发展。这对城市的绿色空间体系,以及城市绿地系统的建设都起到了极大的指导作用。

2015年6月10日,国家住建部下发文件,原则同意将三亚列为城市修补生态修复(双修)、海绵城市和综合管廊建设城市(双城)综合试点。2015年底,中央城市工作会议提出,要加强城市设计,提倡城市修补,加强控制性详细规划的公开性和强制性。习近平对开展生态修复、城市修补提出了明确要求。城市双修对于提升城市老城区的景观风貌,激发城市活力,以及对破碎的绿色空间网络修复起到重要作用。

党的十八大从新的历史起点出发,提出了"大力推进生态文明建设"的战略决策。十八届三中全会上再次提到了生态文明建设的重要性。对于城市绿色空间体系的构建,仍然要牢牢地把握住生态的原则,结合海绵城市、绿色基础设施、城市双修等新的理念,完善城市绿色空间网络,打造人与自然和谐发展的城市空间。2018年2月,习近平视察天府新区时强调:"天府新区一定要规划好建设好,特别是要突出公园城市特点,把生态价值考虑进去,努力打造新的增长极,建设内陆开放经济高地。"习近平提出的"公园城市"理念,充分体现了中央对城市建设的高度重视,即把城市建设成为人与人、人与自然和谐共处的美丽家园的奋斗目标。这就需要建设完整的城市绿色空间体系,打造舒适的城市绿色生活空间、生态空间,充分考虑到生态、生产、生活等多个方面,打造美好城市人居环境,实现真正的人们生活在公园之中。

2019年5月,《中共中央、国务院发布关于建立国土空间规划体系并监督实施的若干意见》(中发〔2019〕18号)提出:"要建立国土空间规划体系并监督实施,将主体功能区规划、土地利用规划、城乡规划等空间规划融合为统一的国土空间规划,实现'多规合一',强化国土空间规划对各专项规划的指导约束作用。"国土空间规划分为三级三类,三级为国家级、省级、市县级,三类为总体规划、详细规划和相关专项规划,由此国土空间规划体系初步建立。(表1-3)

城市绿色空间是城市生态文明建设的主战场,是为城市保障生态安全、提供生态服务、优化人居环境不可或缺的城镇空间,对城市绿色空间实施管制是城市层面落实国土空间规划要求的重要内容。但城市绿色空间由于其区位特殊性,既要对接国家用途管制的战略任务,又承担着以人民为中心,满足人民群众日常生活和美好生活需求的任务,后者更多属于地方事权,并非基于全域用途管制而构建的国土空间规划所能涵盖的。在此背景下,需要进一步研究绿色空间理论,讨论识别国土空间规划背景下我国城市绿色空间规划、建设、管理方面存在的问题,可以为未来优化城市绿色空间布局,提升管理水平提供方向[53]。

表 1-3 政策总结

年份	政策	主要内容
1990 年	《中华人民共和国城市规划法》	城市绿地规划开始从法律上得到保障
1990 年	《上海市浦东新区环境绿化系统规划》	开始探索城市生态绿化系统规划思路,同时制定了对应的相关指标[36]
1992 年	《国家园林城市标准》	以绿地率为标准
1996 年	《园林城市评选标准》	提出生态概念
2003 年	《中国共产党章程(修正案)》	以人为本,树立全面、协调、可持续的发展观,促进经济社会和人的全面发展
2015 年	《关于印发海绵城市建设绩效评价与考核办法(试行)的通知》	从水生态、水环境、水资源、水安全、制度建设及执行情况显示度六个方面考核
2017 年	《住房城乡建设部关于加强生态修复 城市修补工作的指导意见》(建规〔2017〕59 号)	提出城市双修,以改善生态环境质量,补足城市基础设施短板、提高公共服务水平
2018 年	《中共成都市委关于深入贯彻落实习近平总书记来川视察重要指示精神加快建设美丽宜居公园城市的决定》	贯彻习近平提出的"公园城市"建设,把城市建设成为人与人、人与自然和谐共处的美丽家园的奋斗目标
2019 年	《中共中央 国务院关于建立国土空间规划体系并监督实施的若干意见》(中发〔2019〕18 号)	"多规合一"进行城市规划
2022 年	二十大报告	坚持山水林田湖草沙一体化保护和系统治理,统筹产业结构调整、污染治理、生态保护、应对气候变化,协同推进降碳、减污、扩绿、增长,推进生态优先、节约集约、绿色低碳发展。

表格来源:作者自绘

1.3.3 实践方面

1.3.3.1 合肥环城公园建设

合肥市生态环境良好,并紧靠全国第五大淡水湖——巢湖,有优渥的内陆航道,水系众多。合肥地处淮河和长江之间,地理位置优越。在大规模开展环城公园建设之前,环城地域的原状大体是:大部分地段并未成景,尚有约 2 公里地段未打通,银河水面原为沼泽地,周围分布着大量的垃圾场和违章建筑。

经年复一年的补植充实,20 世纪 60 年代形成长 8.7 km,最宽 90 余米的环城林带,成为合肥老城区与新区之间的绿环。

1981 年秋,万里主持安徽工作期间,就非常赞赏合肥城建部门关于环城公园的初步设想。1978 年,合肥市城市总体规划中,"环城公园"作为一个重要的规划项目,第一次提出并被纳入城市总体规划之中。在《合肥市总体规划说明书(附件八)》《老城区改造规划初步意见》中明确提出老城区绿化基本上是一"环"一"线"所组成。"环"就是"环城公园"。1984 年,合肥环城公园全面兴建。吴翼(我国著名园林专家,时任合肥市副市长)把自己的城市园林理念,尽可能地体现到公园建设中去。当时环城公园顺应自然地势,借助城市干道将公园分隔为西山、银河、包河、环东、环北、环西(琥珀潭-黑池坝)六个景区。六个景区各具特色,共同组成合肥环城绿带。西山景区以自然山水见长;银河景区自然环境以池水为中心,地形高差大,有一定的气势;环北景区保持山林、自然野趣,突出自然生态;环东景区设计了规则式的广场;包河景区系北宋包孝肃公祠所在地,颇具人文特色;环西景区营造城区与自然风景区和谐交融的人居环境。整个环城绿带环抱老城于胸,融合新城在怀,城中有园,园中有城,绿树碧水宛如丝带,融入新城老城之间,形成了水清林绿、莺飞草长的生态环境走廊,对改善合肥市的人居环境发挥着巨大的作用。

1.3.3.2 "城市双修"城市绿色空间体系规划

一、三亚市的绿色空间规划

作为城市双修的先行城市,三亚在城市绿色空间规划上以现有自然环境为本底,具体通过山体、海岸线、河道三方面进行生态修复,以及通过拆除违法建筑、改造城市绿地、优化城市天际线和街道立面等方面进行城市修补。在三亚的城市绿色空间建设的过程中以问题为导向对城市进行分析,其应用的理论与实践对我国"城市双修"理念下绿地系统规划研究有重要借鉴意义[52]。

二、北京德胜门—西直门周边区域的绿色空间网络体系规划

"德胜门—西直门"片区位于北京市二环以北,中轴线西部,南邻二环路,北至黄寺大街,东至鼓楼外大街,西至西直门,属于海淀区、西城区、朝阳区的交界地带,研究区域面积共 558 hm²。基于"城市双修"理论,刘心梦[50]分析场地问题,总结出场地以下问题:绿色空间开放性不足、绿地之间的连接性弱、公共绿地功能单一、景观质量较差等,并且提出了空间织补、局部更新、功能转化三个策略来解决问题。首先是通过空间织补形成绿色网络。单位大院模式的规划建设导致区域内部的空间封闭且复杂,

公共区域面积少,且存在机动车占道、自行车乱停放以及居民非法占用道路空间等现象,造成了社区内部交通混乱等问题。对此,需要对区域内破碎的绿地进行整合,增加绿色空间的连通性。规划方案用绿道的形式将各个公共绿地连接起来,进行一次绿色空间的"织补"。公园绿地、街旁绿地等面状绿地作为绿色空间节点;道路绿地、滨河绿地等线性绿地组成绿道系统,二者共同构成一个公共绿色空间网络,将交通、游憩、景观、人群活动、基础服务设施等全部组织在其中,如同一张巨大的"绿网",将破碎的城市空间整合在一起。在局部更新提升空间品质上,由于既定的建筑格局,可供更新的用地非常有限,这就使得规划方案需要根据现状进行有针对性的改造,注重从微观层面入手,寻找解决方案。一方面,要通过调研来充分挖掘潜力空间,如闲置用地、被私搭乱建占用的空间、封闭的附属绿地等;另一方面,对于不同类型的绿色空间,结合其场地特征,可以使用多种设计手法来合理安排功能、提高空间利用率。对于空间的利用,除了水平方向,还可以从垂直方向入手,比如垂直绿化、屋顶花园、立体交通等。功能转化改造潜力空间,主要是对于一些现状利用率较低,或者原有功能已废弃的用地进行功能转换与调整,系统性地规划绿道、雨洪、功能空间等方面的内容,构建出该区域的绿色空间网络体系,有助于区域空间结构的优化、生态环境的改善、历史风貌的保留,也为我国城市的旧城区更新提供借鉴。

1.3.3.3　自然保护地体系下的城市绿色空间系统构建

一、汉中市绿色空间系统构建

汉中市坐落于秦巴山脉腹地,境内自然保护地众多,大多与城市关联紧密,纵横交错的河网渠系滋润了汉中大地独具一格的丘陵花海,形成了"山川溪汇"的特色山水格局。近年来,随着人口的增加及基础设施条件的改善,汉中市主城区用地规模迅速增长,生态保护与人居空间建设日渐失衡,引发环境优势在城市内部发挥不足、线性绿色空间贯通性弱、绿色空间特色体现不足等问题(图1-1)。

由于汉中市承载着秦巴腹地的生态保护与乡村振兴、发展建设等多重任务,为了解决生态和城市发展失衡的问题,汉中市在绿色空间系统构建的主要内容与思路上,在生态文明建设指导下,充分发挥生态优势,促使人居环境与生态环境融合共生、生产活动与生态保护有机平衡、城内建设与外部环境良性互动,将山、水、田、林、城、镇、村融为一体,打造"山水田园大生态、山田城河大格局"的城市特色形象。在绿色空间系统构建中,首先识别绿化空间要素,包括汉江湿地、自然保护区、风景名胜区、森林公园、田园花海、水系、林地、绿道和公园等;其次以"通山、进田、连水、辟廊、入城、达园"的思路,划定绿化生态区,确定城市周边的自然公园类型及绿色空间,通过水系与绿廊进行空间织补,构建环城绿色空间网络;并将田园中的油菜花海作为城市外围绿色空间进行特色化塑造,结合乡村振兴,发挥其"生态、生产、生活"的复合效应,通过设置内部近人尺度的各类斑块,整合破碎化的绿色空间,提升绿色空间品质。

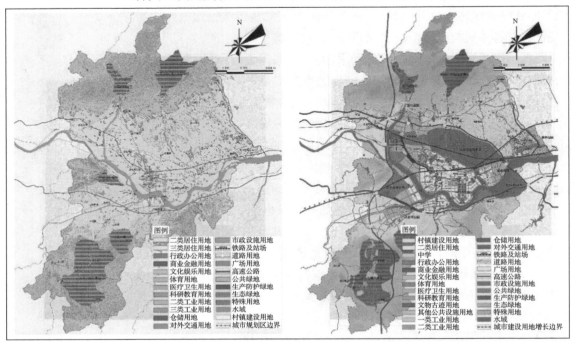

图 1-1　中心城区现状建设与规划用地示意图
图片来源:《汉中市城市总体规划(2010—2020)》

二、遂宁城市新区规划

遂宁市地处四川盆地腹心地带的丘陵低山地区,又称遂州、斗城。城市西部与成都相连,东部与重庆相邻,是成渝城市群中的区域性中心城市。遂宁市在新区开发和后期城市发展中,因具有丰富的山水自然资源、浓厚的文化旅游气息等先天优势,是公园城市理念实践的优秀土壤。在空间上,城市呈组团式布局,虽然随着近年来相关的城市总体规划以及详细规划等规划设计工作的不断开展,遂宁基本形成了城市的二维平面架构,然而在市民不断上升的生活环境及品质诉求下,遂宁市的城市公共空间与人居环境急需进一步优化,城市新区的开发中更要重视绿色发展、生态融合的可持续性。从公园城市理念的内涵分析与在该理论指导下遂宁城市新区绿色空间应当具备的特征表现可以看出,在公园城市的理论体系下,遂宁城市新区绿色空间的规划与传统的绿地规划、绿色空间规划相比,应当增加人文价值与经济价值的体现,提出将绿色空间的生态环境与生活环境、生产环境相叠加的规划。

在生态环境层面,通过分析总结出四种构成要素:绿色核心、绿色斑块、绿色廊道以及绿色踏脚石，要建立以绿色廊道、绿色踏脚石联系各个绿色核心、绿色斑块的网络化结构，保护并尊重遂宁市现有的生态山水格局。在生活环境的内容构建中，关注不同人群的生活使用需求而构建多样化空间、融合多元化活动。除了基本的游憩、休闲与交往功能，面对儿童群体居多的区域要考虑设置户外自然游戏功能；面向老人群体则要关注绿色空间中各个节点的可达性与无障碍设施；面对艺术群体、青年群体还可以配置创新型艺术空间、演示空间等，挖掘新区绿色空间更多更全面的使用可能性。此外，遂宁城市新区绿色空间的构建中，要加强与产业功能的联系，将一些商业化功能、生产性功能与城市绿色空间相融合，增加各级绿色空间中的消费场景，为绿色空间注入活力。

三、北京市房山区的区域绿色空间规划

房山区位于北京西南部，地处华北平原与太行山交界地带，其绿色空间研究重点在于自然生态、游憩体系和城市环境 3 个方面。基于对公园城市理念的理解，从整体性、辩证性和人民性多维度重新审视房山区的绿色空间，进而提取绿色空间规划中的重点关注问题。

房山绿色空间规划策略主要分为三个方面：一是区域生态体系建设，打造山水房山。通过规划自然公园形成自然缓冲带，强化山区生态屏障作用，改善山与城的关系，同时对水系和林地结构进行优化提升。二是区域游憩体系建设，打造公园房山。通过联动国家公园建设，建立自然公园体系等具体方面来实现。三是城市绿地体系建设，打造宜居房山。不断提升绿地环境品质，打造特色绿色空间。普及智慧设施，提升城市友好度。公园城市理念是当前城市发展的新思路，它既体现了国土空间规划的全域统筹趋势，还反映出生态文明建设的"两山论"辩证思想，也顺应了新型城镇化立足人本的品质化发展需求。在房山分区规划中应用公园城市理念，其根本使命是守护山水林田湖草的生命共同体，主要途径是构建多层级的公园与游憩体系，最终目标是创造以人为本的宜居生活环境。而针对不同城市区域的绿色空间条件，应因地制宜进行规划研究，通过深度挖掘特征，精准构建格局，灵活发展指标，从而制订有针对性和可行性的规划策略，将公园城市理念有效贯彻到区域绿色空间规划中。

本章参考文献

［1］赵哲,俞为妍,周韵,等. 全域绿色空间规划的技术探索:以南京江北新区为例［J］. 城市规划学刊,2017(S2):229-234.

［2］杜钦,侯颖,王开运,等. 国外绿地规划建设实践对城乡绿色空间的启示［J］. 城市规划,2008,32(8):74-80.

［3］陈春娣,荣冰凌,邓红兵. 欧盟国家城市绿色空间综合评价体系［J］. 中国园林,2009,25(3):66-69.

［4］王保忠,安树青,王彩霞,等. 美国绿色空间思想的分析与思考［J］. 建筑学报,2005(8):50-52.

［5］Mensah C. Urban green spaces in Africa:Nature and challenges［J］. International Journal of Ecosystem,2014,4(1):1-11.

［6］Burgess J,Harrison C M,Limb M. People,Parks and the Urban Green:A Study of Popular Meanings and Values for Open Spaces in the City［J］. Urban Studies,1988,25(6):455-473.

［7］Lovell S T,Taylor J R. Supplying Urban Ecosystem Services through Multifunctional Green Infrastructure in the United States［J］. Landscape Ecology,2013,28(8):1447-1463.

［8］黄婷婷,高梦瑶,韩若东,等. 国土空间背景下的城市绿色空间体系规划研究［J］. 中国城市林业,2020,18(1):54-59.

［9］赵梦蕾. 基于系统论的城市绿地景观风貌研究［D］. 南京:南京林业大学,2013.

［10］刘滨谊,余畅. 美国绿道网络规划的发展与启示［J］. 中国园林,2001,17(6):77-81.

［11］任晋锋. 美国城市公园与开放空间的发展［J］. 国外城市规划,2003,18(3):43-46.

［12］Howard E,Osborn F J. Garden Cities of To-Morrow［M］. London:Faber and Faber,1946.

［13］陈黎黎. 向生态"优托邦"演进:论帕特里克·盖迪斯城市观中的生态意识［J］. 社会科学战线,2014(12):83-93.

［14］de Oliveira F L. Abercrombie's Green-Wedge Vision for London:The County of London Plan 1943 and the Greater London Plan 1944［J］. Town Planning Review,2015,86(5):495-518.

［15］郝晓斌,章明卓. 沙里宁有机疏散理论研究综述［J］. 山西建筑,2014,40(35):21-22.

[16] 王欣. 美国当代风景园林大师:J. O. 西蒙兹[J]. 中国园林,2001,17(4):75-77.

[17] 肖国清. 美国城市园林的规划设计和建设[J]. 城市规划,1991,15(5):36-40.

[18] Fabos J G. Introduction and Overview:The Greenway Movement,Uses and Potentials of Greenways[J]. Landscape and Urban Planning,1995,33(1/2/3):1-13.

[19] 陈爽,张皓. 国外现代城市规划理论中的绿色思考[J]. 规划师,2003,19(4):71-74.

[20] Searns R M. The Evolution of Greenways as an Adaptive Urban Landscape Form[J]. Landscape and Urban Planning,1995,33(1/2/3):65-80.

[21] 张文,范闻捷. 城市中的绿色通道及其功能[J]. 国外城市规划,2000,15(3):40-42.

[22] 赵礼梅. 广水市市域绿色空间体系规划研究[D]. 武汉:华中农业大学,2013.

[23] 杨小鹏. 英国的绿带政策及对我国城市绿带建设的启示[J]. 国际城市规划,2010,25(1):100-106.

[24] Herington J. Beyond Green Belts:Managing Urban Growth in the 21st Century[M]. London:Jessica Kingsley,1990.

[25] 魏来. 区域性绿道网络规划与实施研究:以美国佛罗里达州际绿道为例[C]//中国城市规划学会. 城乡治理与规划改革:2014中国城市规划年会论文集(10风景环境规划),2014:363-373.

[26] 张天洁,李泽. 高密度城市的多目标绿道网络:新加坡公园连接道系统[J]. 城市规划,2013,37(5):67-73.

[27] 曾琪琪. 健康城市导向下绿色空间体系构建研究:以绵阳市中心城区为例[D]. 绵阳:西南科技大学,2020.

[28] 杨振山,张慧,丁悦,等. 城市绿色空间研究内容与展望[J]. 地理科学进展,2015,34(1):18-29.

[29] 常青,李双成,李洪远,等. 城市绿色空间研究进展与展望[J]. 应用生态学报,2007,18(7):1640-1646.

[30] 何子张. 城市绿色空间保护的规划反思与探索——以南京为例[J]. 规划师,2009,25(4):45-49.

[31] 叶林. 城市规划区绿色空间规划研究[D]. 重庆:重庆大学,2016.

[32] 王欣. 青海海东新城城市化发展中绿色空间体系的构建研究[D]. 西安:西安建筑科技大学,2014.

[33] 雷会霞,王建成. 自然保护地体系下的城市绿色空间系统构建路径[J]. 规划师,2020,36(15):13-18.

[34] 李锋,王如松,Juergen P. 北京市绿色空间生态概念规划研究[J]. 城市规划汇刊,2004(4):61-64.

[35] 车生泉,王洪轮. 城市绿地研究综述[J]. 上海交通大学学报(农业科学版),2001,19(3):229-234.

[36] 孙晓鹏. 国土空间规划体系中城市绿地系统规划发展策略研究:以韩城市为例

[D]. 杨凌:西北农林科技大学,2019.

[37] 齐昉. 浅谈城市居住环境绿色空间构成[J]. 中国园林,1985,1(4):8-10.

[38] 马世骏,王如松. 社会-经济-自然复合生态系统[J]. 生态学报,1984,4(1):1-9.

[39] 钱学森. 社会主义中国应该建山水城市[J]. 城市规划,1993,17(3):19.

[40] 俞孔坚,李迪华,吉庆萍. 景观与城市的生态设计:概念与原理[J]. 中国园林,2001,17(6):3-10.

[41] 唐东芹,傅德亮.景观生态学与城市园林绿化关系的探讨[J].中国园林,1999,15(3):40-43.

[42] 孔繁花,尹海伟. 济南城市绿地生态网络构建[J]. 生态学报,2008,28(4):1711-1719.

[43] 李敏.从田园城市到大地园林化:人类聚居环境绿色空间规划思想的发展[J].建筑学报,1995(6):2-12.

[44] 李锋,王如松.城市绿色空间建设的内涵与存在的问题[J].中国城市林业,2004,2(5):4-8.

[45] 孙海清,许学工.北京绿色空间格局演变研究[J].地理科学进展,2007,26(5):48-56.

[46] 王思元. 城市边缘区绿色空间的景观生态规划设计研究[D]. 北京:北京林业大学,2012.

[47] 雷维群,徐姗,周勇,等."城市双修"的理论阐释与实践探索[J].城市发展研究,2018,25(11):156-160.

[48] 廖开怀,蔡云楠. 近十年来国外城市更新研究进展[J]. 城市发展研究,2017,24(10):27-34.

[49] 蒋鑫,李倞,王向荣."城市双修"背景下旧城区绿色网络更新研究:以北京地坛片区为例[C]// 中国风景园林学会. 中国风景园林学会 2017 年会论文集. 北京:中国建筑工业出版社,2017.

[50] 刘心梦.基于城市双修的绿色空间网络体系规划实践:以北京德胜门—西直门周边区域为例[J].北京规划建设,2019(3):98-102.

[51] 任姿洁."城市双修"理念下的济南平阴县城市绿地系统规划研究[D].济南:山东建筑大学,2020.

[52] 冯雪. 基于"双修"理念的城市绿地系统规划研究:以自贡市为例[D]. 绵阳:西南科技大学,2021.

[53] 许士翔,安超,季珏. 国土空间规划体系改革背景下城市绿色空间概念解析及关键问题识别[J]. 园林,2020(7):26-30.

[54] 张浪,李晓策,刘杰,等. 基于国土空间规划的城市生态网络体系构建研究[J]. 现代城市研究,2021,36(5):97-100.

[55] 王琦. 国土空间规划体系背景下城市绿地系统规划[J]. 大众标准化,2021(2):239-240.

[56] 吴明豪,王博娅,刘志成."公园城市":城市绿色空间的构建策略[J].景观设计,

2019(1):8-13.

[57] 许士翔,师卫华,李程. 公园城市语境下的城市绿色空间概念分析及功能识别
[J]. 建设科技,2020(7):72-75.

[58] 薛妍. 公园城市理念下的遂宁城市新区绿色空间规划研究[D]. 广州:华南理工
大学,2020.

[59] 李玉婷,郑巧依,雷春梅,等. "公园城市"视角下环城绿色空间的发展回顾与优
化探索:以成都锦城公园为例[C]// 中国风景园林学会. 中国风景园林学会
2020 年会论文集(上册). 北京:中国建筑工业出版社,2021.

[60] 张峻珩. 公园城市理念下的区域绿色空间规划探索:以北京市房山区为例
[C]// 中国风景园林学会 2020 年会论文集(上册). 北京:中国建筑工业出版
社,2021.

[61] 杨茅矛,李静波. 公园城市背景下的绿色空间赋能体系构建研究[J]. 建筑与文
化,2020(7):90-92.

[62] 胡聃. 城市绿地综合效益评价方法探讨:天津实例应用[J]. 城市环境与城市生
态,1994,7(1):18-22.

[63] 宋力,何兴元,张洁. 沈阳城市公园植物景观美学质量测定方法研究:美景度评
估法、平均值法和成对比较法的比较[J]. 沈阳农业大学学报,2006,37(2):
200-203.

[64] 周伟,袁春,白中科,等. 基于 QuickBird 影像的郑州市城区景观格局评价[J].
生态学杂志,2007,26(8):1259-1264.

[65] 徐阳. 基于生态敏感性评价的城市边缘区绿色空间景观规划设计:以宿迁六塘
河城市湿地公园设计为例[D]. 北京:北京林业大学,2019.

[66] 肖荣波,周志翔,王鹏程,等. 3S 技术在城市绿地生态研究中的应用[J]. 生态学
杂志,2004,23(6):71-76.

[67] 汤大为,韩若楠,张云路. 面向国土空间规划的城市绿地系统规划评价优化研究
[J]. 城市发展研究,2020,27(7):55-60.

[68] 王浩,赵永艳. 城市生态园林规划概念及思路[J]. 南京林业大学学报,2000,24
(5):85-88.

[69] 李敏. 论城市绿地系统规划理论与方法的与时俱进[J]. 中国园林,2002,18
(5):17-20.

2　国土空间规划体系改革背景下的城市绿色空间体系规划

空间规划是一个国家或地区为了从地理空间层面调控人口发展、协调经济文化等社会活动均衡发展，对该区域内国土资源和布局进行必要的土地利用规划、主体功能区规划及城乡规划等空间的统筹安排。合理的空间规划有助于协调中央和地方、地方和地方、城市和农村、资源开发与环境保护之间的关系，实现对国土空间的有效管控与科学治理。它是国家空间要素统筹与结构优化的指南针，是各个公共部门进行空间保护开发与建设活动的基本依据。

在一百多年的世界空间规划进程中，空间规划的理论体系与技术方法随着各国各地区的建设目标不断调整变化[1]。随着我国工业化与城镇化的加快推进，我国的国土空间发生了巨大变化，统筹谋划面向新时代国土空间开发的战略格局、形成科学的开发导向成为我国近年探讨的热点问题[2]，中央将建立国家空间规划体系作为提升空间治理能力现代化的重要内容，国土空间规划体系的优化改革措施屡屡在中央文件中被重点提及：2015年，中共中央、国务院印发了《生态文明体制改革总体方案》（国务院公报，2015年第28号），指出要构建"以空间治理和空间结构优化为主要内容，全国统一、相互衔接、分级管理的空间规划体系"；2018年3月13日，根据国务院机构改革方案，不再保留国土资源部、国家海洋局、国家测绘地理信息局，组建自然资源部，由自然资源部统一行使所有国土空间用途管制的职责，通过资源和事权的整合改善过去条块分割所带来的弊端，促进国土空间合理利用和有效保护；2019年5月9日，《中共中央　国务院关于建立国土空间规划体系并监督实施的若干意见》（中发〔2019〕18号）提出，"要建立国土空间规划体系并监督实施，将主体功能区规划、土地利用规划、城乡规划等空间规划融合为统一的国土空间规划，实现'多规合一'，强化国土空间规划对各专项规划的指导约束作用"，建立"五级三类四体系"国土空间规划体系框架，为未来国土空间规划体系的构建统一了大方向。

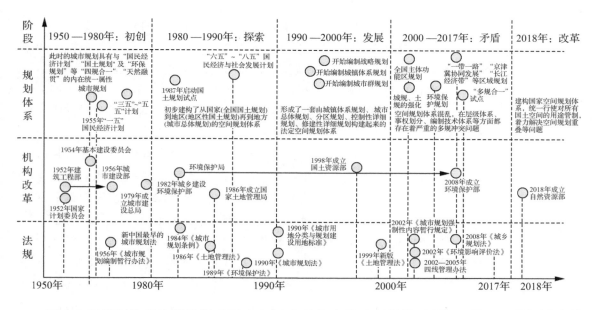

国土空间规划体系改革是提升国土空间治理能力的重要举措，是推行国土空间开发保护制度的重要基础，是未来国土开发的目标向导，引导着国土空间新秩序的体系架构与内容深化。国土空间规划统领了城市空间的规划序列，城市绿色空间体系规划需要对山水林田湖草海等自然资源全要素进行系统考量，结合人居空间布局作出合理安排，以实现城乡生态人居空间的绿色协同发展[3]，需要在国土空间规划体系改革背景下系统展开，如何适应未来国土空间开发的新理念和新原则、推动城市绿色空间科学统筹规划，成为各级政府与规划部门需要面对的新挑战。

图 2-1　国土空间规划发展历程

图片来源：罗瑶，莫文波."多规合一"背景下的国土空间规划"一张图"建设［J］.湖南城市学院学报（自然科学版），2021，30（01）：40-44.

2.1　生态文明纳入"五位一体"

我国有关人与自然和谐统一的生态文明理念古已有之，"天人合一"思想即是系统完整的生态文明理念。从原始时期人类对自然的畏惧和尊崇，到农业文明时代对自然的利用与改造，人类一直与自然保持着良好的生态平衡，但工业时代人类对自然贪婪的攫取破坏了这一平衡。我国是在自然资源十分薄弱的条件下开始现代化进程的，改革开放初期，我国为了快速摆脱贫困，以薄弱的生态基础为代价换取了现代化的建设成就，在创造了巨大物质财富的同时，也对自然资源和生态环境造成了巨大的破坏，导致资源约束趋紧、环境污染严重、生态系统退化，人与自然之间关系失衡。生态危机在全球范围内随着城市化进程的推进逐渐暴露，人类开始切身理解生态保护的重要性，对环境质量的关注和要求也越来越高，从"征服自然"开始寻求与自然的和谐共生[4]。"生态文明"即工业文明之后的文明形态,是人类对传统工业文明进行深刻反思的成果,生态文明的核心价值指向,就是要建立人与自然和谐统一的关系。改革开放四十年来尤其是党的十八大以来,我国生态文明建设成绩斐然。以时间为依据,我国生态文明建设实践经历了党的十四大以前的环境保护、党的十四大至十六大的可持续发展、党的十六大至十八大的科学发展观和党的十八大以来的美丽中国建设几个阶段。

2002 年 11 月,中共十六大提出要全面建设小康社会,生态环境改善和可持续发展作为全面建设小康社会的具体目标之一,标志着我国生态文明建设思想的起步。同年,建设部颁布《城市绿地系统规划编制纲要(试行)》,明确表示市域绿地系统是城市绿地系统的一个重要组成部分,但当时的绿地规划只强调市域范围的绿地规划,乡村区域尚未纳入全域规划内。2007 年 10 月,中共十七大明确指出要"建设生态文明"的战略任务,之后又界定了生态文明建设的具体内涵,为生态文明建设思想的成熟完善提供了良好前提。2012 年 11 月 8 日,党的十八大在"四位一体"的基础上增添了生态文明建设,形成"五位一体"中国特色社会主义总体布局,并要求"把生态文明建设放在突出地位,融入经济建设、政治建设、文化建设、社会建设各方面和全过程",在战略高度上更加重视生态文明建设[5],中国特色社会主义进入新时代。2013 年环保部印发了《全国生态保护"十二五"规划》,规划强调城市生态环境的保护不能就城市论绿地,要把目光投向更广阔的范围,要重视乡村地区生态环境的利用和保护[6]。2018 年 5 月 18 日,全国生态环境保护大会正式提出和确立了习近平生态文明思想,在习近平生态文明思想指导下,我国提出了生态文明建设方略,开始切实推动绿色发展的行动落实。习近平把生态文明作为人类文明发展的新阶段,指出"生态文明是人类社会进步的重大成果,是工业文明发展到一定阶段的产物,是实现人与自然和谐发展的新要求"。从经济建设角度看,资源环境的制约,始终是发展的重大瓶颈,高能耗、高排放的老路已经难以为继,通过生态文明建设推进节能环保、新能源、新材料等绿色产业,有助于培育未来重要的经济增长点、抢占国际竞争领域;从以人为本的发展观来看,环境状况与人的健康状况息息相关,随着经济的发展,我国已由生存型社会转变为发展型社会,优良的环境越来越成为城乡居民的普遍追求,建设资源节约型、环境友好型社会是全面建成小康社会的必然要求,把生态文明建设置于突出位置、纳入总体布局,正是顺应了人民的新期待,也是深入贯彻落实以人为本的科学发展观的题中之义;从历史角度看,中国进入 21 世纪以来,就作出了建设生态文明的历史选择,"五位一体"总布局更将生态文明建设上升到治国理政方略的空前高度,释放了中国是自觉对全球生态文明建设作担当的负责任大国的强烈信号,这是积极顺应人类社会文明演进转型的历史潮流。经济建设的客观要求为生态文明发展提供了发展动力源泉,群众对优美人居环境的渴望则为生态文明建设提供了强有力的信念支撑。生态文明纳入"五位一体",是确保我国经济社会可持续发展的迫切需要,亦是对人民群众日益增长的环境保护要求的积极回应。

绿色生态是当今社会的主旋律,在国土规划行业亦是如此。作为践行中国生态文明理念的重要角色,城市绿色空间体系规划是推进生态文明建设的重要举措,承担着生态环境保护和城市空间秩序规范化的重要职责[7]。在过去,我国的城市发展是以经济为导向,城市绿色空间体系规划作为城市总体规划的下位规划,在布局上缺少更系统专业的考量。随着城市发展,公共空间布局不均、城市内部绿地破碎化严重等现象导致了城市生态系统的失衡:在城乡供给方面,城市绿地丰富而分散,未在空间结构上形成孤立于乡村之外的生态网络,视域绿色空间规划理论往往停留在结构布局和分类发展的简单说明上,可操作性差[6],且未将城市与乡村看作有机的整体,农村生态环境没有得到足够重视,往往成为城市的"垃圾场";在群体供给方面,绿色空间公共服务尚不能做到全覆盖与均等化,绿色基础设施没有共建共享,公共绿地多集中于城市新开发区,部分强势人群获得更多的绿色服务成为生态环境受益者,弱势群体成为环境污染的受害者[8];生态文明建设融入"四位一体"基础,强调的是城市发展的绿色转型与质量提升,在生态文明建设思想的指导下,城市绿色空间的建设由注重城市形象景观提升向注重生态保护功能转变,相较于过往绿地系统规划强调规模的增长,生态文明建设指导下的城市绿色空间规划重点在于改善生态环境质量,比起过去更加重视生态系统及其功能结构的完善[9];在空间结构上,重视城乡之间的区位联系,通过网络化的廊道系统连接、整合零散的绿地斑块,形成城乡一体化的绿色生态网络,以保证城乡空间在结构和功能上互补,保护城乡生物多样性和自然景观的完整性;在服务供给方面,加大西部、农村、弱势群体绿色基本公共服务供给,缩小区域、城乡、群体之间的绿色公共服务差距,保障绿色基本公共服务公平[8];在区域建设方面,加大对生态敏感区域、环境脆弱区域的财政投入,合理开发利用环境承载力好、生态资源丰富的重点开发区。良好生态环境是人类生存与健康的基础。在未来,城市绿色空间体系的科学谋划将更加强调结合自然环境的实际状况,科学统筹公共绿地、共享绿道、生态公园等的空间布局,使生活空间更加舒适,进而实现社会、经济与自然的可持续发展和人的自由全面发展,助力城市建设成山清水秀的美好家园。

先进的生态文明建设理念为推进生态文明建设提供了思想保障和精

神指导,也对城市绿色空间体系规划提出了更高要求。2020 年 7 月 29 日,江苏省委十三届八次全会在南京召开。会议提出《中共江苏省委江苏省人民政府关于深入推进美丽江苏建设的意见》,其中强调要"全面推进美丽田园乡村建设,彰显地域文化特色"。高淳绿色空间体系规划需要深入贯彻落实党的十九大精神,在思想上更加重视生态文明建设,在整体规划与建设落实的整个进程与不同层面都要使生态文明的理念渗透其中,落实最严格的生态环境保护制度、耕地保护制度和节约用地制度,基于不同地区的不同自然环境特点和不同人文历史特色,串联全区山水资源,联系优越的山水生态格局和城市空间格局,全面落实"300 m 见园,600 m 见绿"的绿色福利目标,城乡融合,围绕规划主题进行绿色空间体系的科学定位,以此指导整个区域范围的绿地全面发展,增进高淳绿色空间分布的均衡性和可达性,形成高淳"水-山-城"融为一体的特色发展格局。在实践中更好地推进生态文明建设,并逐步使不同功能区形成区域特色和竞争的比较优势,最终打造成"一户一处景、一村一幅画、一镇一天地、一城一风光"的高淳全域绿色空间。

2.2 "多规合一"加强规划衔接

国土空间规划是国家可持续发展的空间蓝图,是各类开发保护建设活动的基本依据。虽然各级各类空间规划在支撑城镇化快速发展、促进国土空间合理利用和有效保护方面发挥了积极作用,但也存在规划类型过多、内容重叠冲突,审批流程复杂、周期过长,地方规划朝令夕改等问题。例如在西安市的相关规划中,城市建成区范围确定的主观性导致城市绿化指标在计算过程中基数的主观性,从而使绿化指标缺乏客观性、科学性,不同区域之间的数据对比产生误差,绿化指标仅能体现绿地的数量特征,无法展示城市三维角度的绿化建设,植物种类、层次及绿地可达性等因素不在统计范围内,无法科学、合理地统计绿地的生态效能……我国的城乡规划包括城镇体系规划、城市规划、镇规划、乡规划等诸多层级,各自又有总规与详规之分,为解决传统规划体系类型繁杂、管理实施低效等问题,2019 年,《中共中央 国务院关于建立国土空间规划体系并监督实施的若干意见》(以下简称为《意见》),提出建立国土空间规划体系并监督实施,将主体功能区规划、土地利用规划、城乡规划等空间规划融合为统一的国土空间规划,实现"多规合一",强化国土空间规划对各专项规划的指导约束作用。

"多规合一",是指将国民经济和社会发展规划、城乡规划、土地利用规划、生态环境保护规划等多个规划融合到一个区域规划上,实现一个市县一本规划、一张蓝图,解决现有各类规划自成体系、内容冲突、缺乏衔接等问题。《意见》指出,总体框架要分级分类建立国土空间规划,明确各级国土空间总体规划编制重点,强化对专项规划的指导约束作用,在市县及以下编制详细规划,坚持上下结合、社会协同,完善公众参与制度,发挥不同领域专家的作用,综合考虑人口分布、经济布局、国土利用、生态环境保护等因素,科学布局生产空间、生活空间、生态空间,建立全国统一、责权清晰、科学高效的国土空间规划体系,整体谋划新时代国土空间开发保护格局;到2025年,健全国土空间规划法规政策和技术标准体系,形成以国土空间规划为基础,以统一用途管制为手段的国土空间开发保护制度;到2035年,全面提升国土空间治理体系和治理能力现代化水平,基本形成生产空间集约高效、生活空间宜居适度、生态空间山清水秀,安全和谐、富有竞争力和可持续发展的国土空间格局。

目前,我国的城市建设已经迈入高质量、高品质发展的阶段,增量规划主导的国土空间规划开始向增存量并存,在这样的发展背景下,国土空间规划体系改革势在必行。绿地系统规划作为国土空间规划中的重要支撑专项之一,其实操性技术方法与实践分析同样受到了业界的高度关注。传统的规划体系是以重点区域的建设开发作为主导,以经济增长为第一要义,整合周边其他建设资源与成本,通过发展要素配置管理向重点建设区域倾斜,促进建设重点优先发展。这种优先发展经济的建设模式背景下的规划编制对生态发展就不够重视,政府、企业与社会之间各谋其事,缺少统一调度与多向协同,城市绿色空间的治理尚且停留在单纯的土地建设上,缺少全域资源的宏观调控与生态保护的规划意识,由于统计口径不规范,城市绿地规划的目标也缺少可比性,例如在2010年《国家生态园林城市评价标准》出台后,尽管其中规定了三大指标的计算与说明,但由于缺少足够的行业规范性与各级政府之间的有效监督,加上城市规划、园林设计、施工管理等各环节之间存在标准差异,造成实际统计过程中指标差异大的问题。"多规合一"正是针对传统规划体系框架混乱、管理内容相互冲突以至于实施效能低下的问题,以新时代国土空间规划为引导,从规划路径和规划管控两大方面,针对传统城市绿色空间体系规划如何适应当前绿色城市发展需求进行规划模式的探索。

在实践中,"多规合一"着重于针对不同地域、不同规划层级、不同规划目标及内容之间的差异性协调,一起达到相互补充、相互配合的技术方法或预期目标。在宏观视角下,要注意统筹城乡、区域各类中小型绿地的建设及管理,基于土地和人口数据等"建设底数",夯实建设用地规模等"发展底盘",守好基本农田保护红线、生态保护红线等"开发底线",以此作为新时期国土空间规划的核心,构建城乡规划体系内完整的生态板块,共同谋划能够服务于经济发展、社会建设、生态保护和文化传承等多元复合目标的山、水、林、田、湖、草生命共同体，形成布局合理、功能完善、发展可持续、价值多元的绿地布局。其次，应沟通城市与乡村绿地，结合生态红线、蓝线、绿线等生态基质，协调好城镇开发边界范围内外绿地的协同建设关系，有效沟通现存城市绿地系统及其他规划体系之间的衔接和协调，完善城乡绿地规划管理系统，做到对城市绿色空间规划的扩展与补充，从而作为城乡区域发展的参考前提和控制条件，构筑由"城市绿地"和"市域绿地"组成的"绿地"体系[6]，打造全域绿色空间体系。最后，应打破城市总体规划对城市绿色空间生态网络格局的过分约束，以生态网络作为城市总体规划的框架对城市景观结构进行塑造，各个区域、各个城市之间打通相关部门协同管理的渠道、搭建相关部门之间共同协作的平台，互相听取建议与意见，探索生态体系与非生态体系的联动机制[10]，制订相互制约、能够合理衡量绿色空间质量的建设指标，以保证有关部门在绿色空间规划上能相互衔接，合理高效地推进城乡绿地建设与管理工作[7]，实现生态导向下城乡空间协同发展的目标（表 2-1）。

表 2-1　新时代城乡绿地系统规划技术

城乡绿地系统规划层级	与上一层级的关系	主要作用	主要任务
市级绿地系统规划	细化落实上级和市域国土空间总体规划要求	促进城乡生态统筹发展	立足广域视角编制城乡绿地系统规划，协调城镇开发边界内外绿地关系
县级绿地系统规划	与市绿地系统规划同步进行	强化规划内容的切实有效性和可操作性	明确县域绿地系统规划体系，合理配置各类空间资源
乡（镇）绿地系统规划	深化落实市县级绿地系统规划内容	构建生态宜居的乡村人居环境	优化乡村生态、生活、生产空间格局，调整绿地布局结构

表格来源：文献[7]

在"多规合一"导向下，各个城市在绿色空间发展战略目标、规划基础、要素配置和空间格局规划等角度开始了新的实践探索。如厦门市承担了"多规合一"、城市开发边界、城市总体规划、土地利用总体规划等多个国家试点任务，逐步形成了以"一个战略"统筹多规合一，以"一张蓝图"支撑规划编制，以"一个平台"支撑空间管理，以"一张表单"推动审批改革，以"一套机制"保障改革推进的工作成果。最新的《武汉市城市总体规划（2018—2035 年）》，是在同市园林部门一并严格按照《国家生态园林城市评价标准》统一统计口径之后，根据北京市、上海市、广州市、深圳市和杭州市等城市近年公开的规划内容进行大量规划调研与相关研究，按照不同建设区域的人口密度,对人均指标、绿地占比结构进行了比较研究,得出了较为科学、合理、严谨的结论。既保障了规划国标的可操作性,也体现了底线管控的思维及政府、市场、社会的多重维度,通过各城区的实际情况合理分解了规划目标利于未来的城市绿地建设的推进[9]。

随着我国城乡规划理念从问题导向的应急反应向目标导向的规律应用转变,高淳的城市绿色空间体系规划需展开积极思考,在思想理念、内容框架、技术方法等方面与新的国土空间规划体系相呼应。在规划设计上,各级部门规划从差异性协调迈向规律性践行,从"多规合一"和"城乡统筹"视角进行合理转变,以《中华人民共和国城乡规划法》《中华人民共和国环境保护法》等国家级法律法规作为绿地规划基础,《江苏省域空间特色研究》《江苏省国家级生态保护红线规划》等省级规划作为绿地景观规划依据,结合《南京市城市总体规划(2018—2036 年)》《南京市绿地系统规划(2017—2036 年)》《南京市高淳区城乡总体规划修编(2013—2030 年)》等地方编制,将规划编制重点从区域的局部开发建设向全域的优先保护优化转型,促进各类城市绿地规划的实施从协调机制的软性约束向制度设计的硬性要求转型;在规划实施上,响应《中共江苏省委江苏省人民政府关于深入推进美丽江苏建设的意见》中"全面推进美丽田园乡村建设,彰显地域文化特色"的要求,坚持生态优先、绿色发展理念,从生态、人文的思想出发,"由零化整",将外围区镇纳入全局分析,突出"东山西圩,两湖夹城"的特色格局,整合山水生态格局和城市空间格局,对城乡全域绿色空间进行规划,初步建立与"山水林田湖草生命共同体"相适应的体制机制,打造高淳慢文化主题的"水—山—城"融为一体的特色格局。

2.3　全域"一张图"打通空间结构与功能

20 年代初期开始,我国城市空间规划的矛盾日益显露,尤其是地方层面空间规划不协调的问题更加突出[11]:在规划实践中,由于城市的主要交通工具从改革开放初期的自行车转型为 21 世纪的公共交通优先发展,使得城市规划从以居住区规划为主向以满足机动交通为主的布局转型,交通先行的规划模式人为割裂了城市绿色空间的网络体系,广场、公园、街旁绿地等绿色空间趋向于孤立、破碎化发展,缺乏统筹布局与整体设计,绿地系统规划作为构成城市绿色骨架的主导工作,多将关注重点聚焦于环、带、楔、片等宏观的绿地结构上,对建成区内外绿色空间的布局协调性关注不足。在规划对接方面,城市绿色空间的规划基础存在数据涉及部门多、准确性不足、标准不统一以及缺乏统一的评估评价技术规范等困难,各级政府与主管部门之间秉承传统的单向性公务联系,缺少多源头、多导向的信息流通与价值互动。各级规划部门强调满足硬性的设计指标,在城市绿色空间与其他空间的延续渗透上缺少足够的统筹,造成绿色空间破碎,无法构成多重空间形态的相互联系[12]。

科学技术的创新推动着自然资源治理能力的现代化发展。面对以上规划困局,相关学者与规划部门作出了相应反思:城市绿色空间体系规划应统一国土空间规划底数,在充分尊重自然本底、国土空间开发保护现状及风险评估基础上进行编制,从城乡一体化的角度构建与城乡统筹、融合发展相适应的新型城乡空间形态,推进城市现代要素的全域布局。随着我国空间规划体系改革探索的推进,"一张图"工程建设成为国土资源管理的一次重大变革,其内涵也在不断深化,经历了从城乡规划"一张图"到"多规合一一张蓝图",再到国土空间规划"一张图"的转变[11]。2019年7月,自然资源部办公厅印发《关于开展国土空间规划"一张图"建设和现状评估工作的通知》,明确提出建设国土空间规划一张图实施监督信息系统,是支撑国土空间规划的重要基础性工作和推进国土空间规划任务实施的重要环节;并指出,国土空间规划"一张图"建设有三个步骤,一是统一形成"一张底图",二是建设完善国土空间基础信息平台,三是叠加各级各类规划成果,构建国土空间规划"一张图"。其中,统一形成"一张底图",是指各地应以第三次全国国土调查成果为基础,整合规划编制所需的空间关联现状数据和信息,形成坐标一致、边界吻合、上下贯通的一张底图,用于支撑国土空间规划编制(图2-2)。

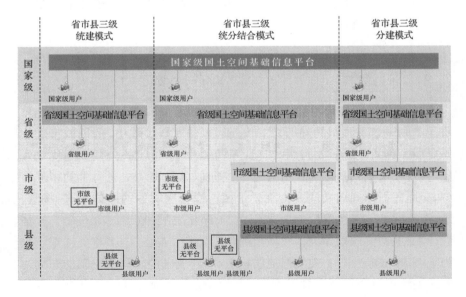

图2-2 国土空间基础信息平台建设模式
图片来源:http://up.caup.net/forum/201907/25/102314 bmgiz 1vwu0 gi1m0r.jpg

　　对于各地的城市建设者而言,开展国土空间规划"一张图"建设,首先需要强调国土空间规划的全域性,即各地自然资源主管部门统筹"山水林田湖草"等自然资源,融合人、地、房等社会要素,参考各类国家及地方标准和行业数据规范,将批准的规划成果编制入库,构建包含耕地、森林、矿产、草地、海洋以及建设用地等七大资源要素的全域空间管控,作为详细规划和相关专项规划编制和审批的基础和依据[13];其次,需要加强多层级规划的治理体系关联与空间的综合管控,打破条块分割的管理模式,建立多部门、多层次、跨区域的协调机制,坚持区域联动、部门协同,强化各部门之间、各地区之间的协同和信息共享,化解空间规划在不同层级、不同空间尺度上的实施差异,在主管部门将核对审批的详细规划与专项规划整合叠加成为空间规划"一张图"后,对于核心控制要素,各层级之间上下联动,对于不同空间层次规划,按照事权层级划分责任归属,具体事宜具体对待,在纵向上对接部、省下达的相关要求,向下衔接县、乡镇总体规划及详细规划数据标准,横向上衔接相关专项规划的数据库要素与汇交成果内容,以专项规划和详细规划充实完善总体规划的内容。构建空间规划"一张图",有利于结合主体功能区的行政边界与自然边界,打通城镇空间、农业空间和生态空间的布局结构,进而形成能够覆盖全域的要素集聚、功能完善、设施配套的绿色空间体系。

　　2009年,国土资源部部长徐绍史在全国国土资源信息化工作现场会上明确提出,抓好国土资源"一张图"建设,是国土资源信息化建设的八项重要任务之一。届时,"一张图"工程建设也已被纳入南京市国土资源管理工作的重点工作任务。伴随国土空间规划体系变革,南京目前已经形成了一套较为科学的技术方法。在国土空间规划"一张图"要求下,高淳城市绿色空间体系规划增加了与绿地系统等上位规划工作衔接部分的阐述,强化《中华人民共和国城乡规划法》《城市绿地规划建设指标的规定》《江苏省国家级生态保护红线规划》《南京市城市空间特色规划》等国家标准与地方标准的对接,结合高淳全域旅游,通过对用地、建筑、设施等现状数据及社会、经济、环境资源类等统计数据进行空间基底的整合,在绿色空间的开发利用上,综合各类绿地、江河湖海、山谷平原、农林耕地、城市道路与居住区等建设用地等,以"东山西圩,两湖夹城"的山水林田湖自然基底为现状底板,以前期调查数据为基础,统一坐标系、用地分类等技术标准,统一规划底图,保障生态系统的连续性和完整性。从国土空间总体规划编制工作入手,强调城市与自然山水空间的融合,结合人文景观和城市绿地建设框架,通过全面、系统的专项规划编制,在全域范围内科学合理地配置要素,通过构建和保护环城绿带等区域大型绿色开放空间,沟通城市与郊野景观,实现三大片区景观节点串联,将城市内部各自独立的碎片化绿地联结建立成多功能、多层次的生态网络,基于调查现状一张底图的基础,融合各自片区的文化与绿化,叠合各级各类规划成果,将此次规划主要成果落实在全域"一张图"上,并打破行政区域上的壁垒,编制具有操作性的任务清单,供其他政府部门具体落实,以此为依据打造显山露水的绿色人文空间,彰显南京人文绿都的示范作用。

2.4 延续区域特色与文脉

2019 年 1 月 2 日,习近平在致中国社会科学院中国历史研究院成立的贺信中指出:"新时代坚持和发展中国特色社会主义,更加需要系统研究中国历史和文化,深刻把握人类历史发展规律,在对历史的深入思考中汲取智慧、走向未来。"历史是一座城市从当下走向未来的重要根基,而文化是人与人、人与地之间进行交流与对话的重要纽带,新时代的文化建设,必须坚定文化自信,坚持中国特色社会主义文化发展道路。伴随国家一系列举措的出台和文化产业的兴起,全国多个省份先后提出"文化强省战略",地域文化资源开发与利用成为区域发展关注的热点。江苏省委十三届八次全会提出《中共江苏省委江苏省人民政府关于深入推进美丽江苏建设的意见》,其中强调"全面推进美丽田园乡村建设,彰显地域文化特色"。可以看出,基于地域文化的特色经济已经成为推动经济社会实现科学和谐发展的重要手段[14],在外部世界趋同现象愈发明显的大背景下,我国的城市建设愈发重视区域特色与文化的传承与发展。

区域特色是一个区域区别于其他地方的根本属性,是工业、商业、交通、科技、文教等众多部门分别在经济、科学、文化等不同领域中相互作用、共同影响的结果;地域文脉是一个区域自然基础、历史文化传统和社会心理积淀本质特征的高度概括[15],其特征表现为文化形态的稳固性和文化认同的一致性[16]。对于城市而言,区域文脉的保护与传承是实现族群认同、凝聚市民精神的重要方式;对于国家而言,实现历史与当代的文化互鉴,是激发全民族文化创新创造活力的根本发力点,是实现国家文化治理体系和治理能力现代化的根本遵循。

城市中的绿色空间是区域特色与文化的有益载体。经济方面,结合地方产业发展,根据城市空间和产业布局,依托区域制度环境、人力资本、产业结构等区域特色,强化城市绿地配套规划、绿色廊道节点要素配置等重大设施建设,有助于提升区域的竞争和发展优势。文化方面,尊重区域文脉的空间差异性和整体多元性特征[14],通过研究当地的历史遗迹、民风民俗等,挖掘人文属性,遵循文化建设规律,有助于实现文化创造性转化、创新性发展的新作为，占领文化生产与传播的制高点，打响真正的"城市名片"。生态方面，顺应区域的气候特征与地形地貌，充分发挥自然地理优势，建立良好的自然生态基础设施，有助于促进恢复与改善城市生态系统，保障绿色空间体系的连续性，形成具有鲜明地域特色的城市人居环境[16]。就绿地自身而言，将城市的地域特色与文化符号这些人文特质融入城市绿色空间体系的规划建设中，可以最大化地满足反映当地居民的行为特征、反映城市生活的地域特征，促进区域文脉的传承与发展[16]。城市绿色空间因其所具有的综合功能成为城市的重要组成部分，城市文脉的发展延续通过城市绿色空间的功能、结构与形态得以体现[17]。健全城市绿色空间体系、拓展城市休闲空间可以推动本土文化的传承、城市品位的提升和文化产业的发展。

　　高淳区位于南京市南端，是国家重要的特色现代都市农业基地，国家东部地区重要休闲旅游目的地，华东地区制造业服务枢纽和高端制造业配套基地，被誉为南京的后花园和南大门。在自然的山水构架上，高淳区东部以丘陵地貌为主，山林资源丰富；西部以水网圩田为主，南北两湖夹城，形成独特的"水绕淳城，田陵拥入"的格局。在历史文化上，高淳是江苏省历史文化名城，境内的薛城遗址是 6000 多年前新石器时代的古村落；伍子胥率部开凿的胥河是世界上最早并且仍在发挥航运作用的人工运河；高淳老街是华东地区保存最完整的明清古街，是全国十大历史文化名街。丰富的古城遗迹积淀了深厚的历史韵味，富于特色的圩田风光和村俗文化，依托"慢文化"核心焕发新生机。在经济发展上，高淳区是江苏省商贸十强县（市）、建筑强县、中国建筑之乡，造船水运业享有"中华民间造船水运第一县"的美称，以造船水运业著称的武家嘴村则被誉为"中国民间造船水运第一村"。但现有的高淳绿色空间体系无法体现地域特色与文脉：文化景观方面，高淳的文物古迹、宗教圣地、民族风情和古建筑等的景观开发与文化内涵融合度不够，乡村聚落、老街、小镇等景观未能从周边城市中凸显出来，地域性特色有待提升；人文资源利用方面，文化品牌影响力不够，文化底蕴浓厚但传承载体不足，在城区主要干道、城市内部河道等核心区域的绿地缺乏景观特色，景观主题不够突出，缺少景观路、形象展示路等彰显城市风貌的道路附属绿地，文化素材丰富但文化体验有待加强；现有文化与植物结合利用较好，有较强的吸引力，有明显的季节性特征，但呈现点状分布，城市中绿色空间同样成点状分布，连接度不足，郊野绿色空间成面状分布，与城市缺少景观廊道的串联，且乡村特色不突出，周边区域需带动发展，可进一步优化。

**图 2-3 延续区域特色
与文脉的高淳区规划
总则**
图片来源:作者自绘

基于以上现状问题,高淳绿色空间体系规划应强调地域文化传承和特色品牌的打造,串联全区山水资源,联系优越的山水生态格局和城市空间格局,城乡融合,打造高淳"水—山—城"融为一体的特色发展格局,提高高淳居民的地域归属感,彰显圩田文化和慢城文化的特色(图 2-3)。"绿"网交织——结合人文景观和城市绿地建设框架,组织"点"(以公园绿地和乡村绿化为代表的各类小块绿地)、"线"(道路绿化和滨河绿化)、"面"(面积较大绿地,如区域绿地、远郊田园、湖泊湿地等)相互渗透的网状绿地结构模式;增"花"添彩——营造四季变化的植物空间,建设民生幸福的宜居城市;文化为"魂"——立足自身禀赋谋特色,彰显文化底蕴,打造山水相映、林田野趣、花香蟹肥、悠然自得的"花慢城"。

2.5 存量思维提升精细化管理水平

城市增长,就必然有增量;城市有历史,就会形成存量。改革开放以来,工业化城镇化加速发展,城镇建设用地大规模扩张,资源过度消耗、生态环境受损,成为中国可持续发展进程中亟待解决的重大问题,也是新时代国土空间规划迫切需要应对的挑战。随后,中国城市逐渐由快速扩张阶段逐渐进入调整转型时期,由增量规划为主的城市发展模式逐渐向存量规划转变,未来的国土开发逐步进入以存量为主的空间利用阶段,存量规划成为国土空间规划的必然选择[18]。

存量规划实质上是一种城市更新的手段[19],通常指在保持建设用地总规模不变、城市空间不扩张的条件下,主要通过存量用地的盘活、优化、挖潜、提升而实现城市发展的规划[20]。存量规划的目标是通过提供优质高效的城市空间,来支持经济的持续增长、民生福利改善和生态环境质量提升。

2.5.1 存量规划具体转型思路及方法[20]

一、由"以需定供"转向"以供调需"

增量总规一般遵循需求导向,先确定城市发展的需求,再对其进行空间布局安排。存量总规则与之相反,在空间布局保持基本稳定的前提下,选择适合发展的内容,对于需求必须有舍有得。对于那些必不可少的重大项目带来的空间布局调整需求,也要尽量控制在小规模审慎进行;对于那些虽然能够促进经济增长、但空间无法容纳的项目必须果断舍弃。

二、由"功能定用地"转向"用地调功能"

增量总规通常遵循的工作思路,是先确定空间结构和功能结构,再依据标准规范来设定相适应的用地结构。而存量总规则是通过用地结构的调整来改善城市的功能结构,实现人口就业、居住、交通、游憩等各方面职能的平衡。要确定存量用地结构调整的目标和路径:对于城市更新,需要确定不同更新改造模式涉及的用地调整总量、比例和布局;对于闲置用地,要提出延期、收回、赎买回购等不同处理方案的适用范围等。

2.5.2 精细化管理

精细化是一种认真的态度、一种精益求精的文化。为顺应数字经济时代的提质增效,精细化管理已经发展成为一种全面的管理模式。2017 年习近平提出了"城市管理要像绣花一样精细"的总体要求,使精细化管理的理念在中国城市管理中的重要性更加彰显。随着人们对生活品质要求的逐步提高,"精细化"理念越来越普及,同时要求城市景观的规划、设计和建设,逐步从"粗放"走向"精细"[21]。

存量时代的城市更新实践常态化对城市的精细化管理提出了一定的要求。在中国城市空间发展逐渐转向存量领域的新形势下,城市设计进入精细化阶段[22],核心任务从"制造新空间"逐步迈向"优化旧空间"。在此情况下,必然带来城市设计"精细化"管理水平的提升,但这种精细化并不局限于狭义的技术或者方法层面,而更多指涉城市设计管理,这意味着城市设计将更多地从静态刚性的对形态与空间的"管治"转向动态弹性的对开发过程的"治理",将从一种以结果为导向的技术工具全面进阶为过程与结果并重的"公共政策"[23]。与此同时,加强精细化管理的城市需求也反向要求、督促城市保有存量思维,在现有条件下利用好一切资源,优化、美化我们的城市而非推翻重建。城市设计将不可避免地从"愿景式的宏大空间描绘"转向大量中、微观层面的空间优化与重整,也即从"增量型城市设计"转向"存量型城市设计"。

2.5.3 绿色空间体系规划优化对策

随着国内工业化进程的加快和产业结构的调整,城市发展对空间资源的需求越来越大,在土地"增量受控、存量低效"的境况下,中心城区寸土寸金,城郊村的用地逐渐成为城市发展的宝贵资源之一。高淳的城市景观规划需展开积极思考,结合存量规划思维,对资源的利用方式和景观的规划设计进行合理的优化升级。在资源利用上,当前日趋严重的大气污染、水体污染、土地荒废等一系列资源濒临枯竭的问题,促使我们积极思考新的资源利用方式,探索和营造城市边缘区绿色空间格局,建设可持续性的城乡人居环境绿色空间体系[24]。在景观的规划设计上,精细化管理被提上日程。精细化管理要求以人民的利益为核心,结合现代化经济的特征及优势建立新型智慧城市,强化多元共治的治理理念;同时,结合当地园林绿化环境,大胆提出创新方案,进行试点,不断寻求新理念、新技术,脚踏实地改善城市绿化景观与生态环境。如今,城郊村用地再开发已被纳入实践,高淳作为南京的城郊村用地范围基于以上两点也已经开始进行改造建设,包括圩田景观的改造、花园廊道的优化以及两湖片区的升级等。与此同时,绿色空间体系规划基于存量规划思维和精细化管理的指导,提出了以下优化对策:

一、人地协调,共筑生命共同体

城郊区的生态支持系统包括农田、林地、园地、苗圃、公园、牧草地、河湖水域、园林绿地等自然要素和人口要素。在改造优化过程中,城市生态支持系统要逐步完善和建设,与城市整体开发和形态结构建设相协调,以人与自然相协调作为价值取向,建设和完善一个完整、连续、功能高效、丰富多彩的城市生态文明体系[24]。高淳区初步建立与"山水林田湖草生命共同体"相适应的体制机制,稳步提高绿化林质量,保护整治水环境,提升农田质量,有效保护项目区内生物栖息地和生物多样性。与此同时,高淳区为保障城市生态安全、坚持"一城两湖两翼,有机网络组团"空间格局,以环境容量(碳峰值)为刚性约束,限定人口容量;以生态容量(土地生态服务能力)为刚性约束,限定建设用地容量。

二、有效控制城市的过度膨胀扩张

城市无节制地过度膨胀扩张,会导致诸多城市问题。"十分珍惜土地、合理利用土地和切实保护耕地"是我国的一项长期基本国策,基于此,保护耕地,控制城市边缘区过度扩张,有节制地进行开发十分重要。高淳区为实现建设用地全区、全要素管控,控制城市过度建设开发,采取框定建设用地总量、容量约束和弹性预留相结合的策略,同时科学确定人口规模控制目标双管齐下。2013 年 8 月,江苏省发布的《江苏省生态红线区域保护规划》划定 15 类生态红线区域并对其作出分级管理规定。这些规定虽然给开发建设造成了一定程度上的障碍,却能够有效地控制城镇过度开发膨胀。生产生活上,高淳区通过秸秆还田、种植绿肥,改善土壤理化性状,促进植物作物生长;此外,高淳还通过开展耕地轮作休耕、秸秆机械化还田等技术措施进行土壤改良,积极推广生态农业,提升耕地质量与经济效益,改善生产、生活条件。城市景观建设上,水慢城片区通过圩田景观的改造,改善了景观风貌的同时也兼顾了片区内居民的经济收益,为片区注入新的活力。对现有条件的利用和改造以及对生态红线的严格遵守让城市得以有节制地扩张、发展,人民的幸福指数节节攀升。

三、提高园林景观精细化设计水平

园林景观是城市建设的重要组成部分,它不仅是城市形象的重要展示窗口,体现城市的品位与品质,也关系到城市里生活的人民群众的切身利益。将景观建设从"形象化向科学化"转变,城市景观才能像绣花一样建设得更加细致到位、亮丽整洁[21]。

2020 年,高淳区分别召开以"存量规划,盘活低效用地,提升城市品质"为题的城乡建设专题会、以"校核重叠冲突图斑,减少存在环境影响的用地"为题的农业农村与环境保护专题会和以"预留设施建设用地,完善公共服务配套,提升生活品质"为题的经济民生专题会,建议各单位主导、编制、修编各类专项规划、实行垃圾分类定时定点投放、梳理边角用地,对零碎用地性质进行调整填充、增强造血能力、改善城市交通,解决芜太公路外绕等道路交通问题,新增综合性停车场、完善公共服务设施等,以实现低效存量空间优化,提升高淳总体价值,打造"一城两湖两翼"的有机空间格局以及以人为本的韧性城市建设。

可以看出,在生态文明建设和新型城镇化的时代背景下,存量规划作为当前国土空间规划的必然选择,对推动城市建设发展、优化改造等具有不小的意义,城市设计的核心任务从"制造新空间"逐步迈向"优化旧空间",即由增量转向存量,而与此同时,精细化管理也被赋予更高的使命。

本章参考文献

[1] 吴次芳,李林林,董祚继. 显化土地资产价值 兼顾各方利益诉求:看国外公有土地租赁到期如何续期[N]. 中国国土资源报,2017-03-18(006).

[2] 陈志诚,樊尘禹. 城市层面国土空间规划体系改革实践与思考:以厦门市为例[J]. 城市规划,2020,44(2):59-67.

[3] 石磊,张云路,李佳怿. 城镇化背景下中国乡村绿地系统规划相关基础内容探讨[J]. 中国园林,2015,31(4):55-57.

[4] 王晓广. 生态文明视域下的美丽中国建设[J]. 北京师范大学学报(社会科学版),2013(2):19-25.

[5] 郑知廷. 全域旅游视角下的乡镇"五位一体"发展机制研究:以杭州市淳安县威坪镇为例[D]. 杭州:浙江工商大学,2018.

[6] 龚杰. 基于生态网络格局的城乡绿地系统规划[D]. 合肥:安徽农业大学,2016.

[7] 张云路,马嘉,李雄. 面向新时代国土空间规划的城乡绿地系统规划与管控路径探索[J]. 风景园林,2020,27(1):25-29.

[8] 黄娟. 新时代社会主要矛盾下我国绿色发展的思考:兼论绿色发展理念下"五位一体"总体布局[J]. 湖湘论坛,2018,31(2):60-69.

[9] 哈思杰,方可,徐莎莎. 生态文明视角下武汉市绿地系统规划建设探索[J]. 规划师,2020,36(11):55-59.

[10] 吴淼. 生态导向下西安市城城乡空间发展模式及规划策略研究[D]. 西安:西安建筑科技大学,2019.

[11] 霍雅琦. 国土空间规划"一张图"动态监测评估指标和技术框架研究[D]. 泉州:华侨大学,2020.

[12] 许士翔,安超,季珏. 国土空间规划体系改革背景下城市绿色空间概念解析及关键问题识别[J]. 园林,2020(7):26-30.

[13] 魏国利. 机构改革背景下我国空间规划的改革趋势与行业应对[J]. 居业,2019,11(9):124-125.

[14] 孙雪. 基于地域文化的区域特色经济发展研究:以潍坊市为例[D]. 济南:山东师范大学,2014.

[15] 雷国雄. 基于文脉、地脉的区域旅游品牌形象管理研究[D]. 武汉:武汉大学,2005.

[16] 刘璐. 园林绿地系统规划塑造城市地域性特色初探[D]. 重庆:西南大学,2010.

[17] 赵磊,吴文智. 本土文化传承与城市公园绿地规划[J]. 城市发展研究,2013,20(9):26-31.

[18] 钱云. 存量规划时代城市规划师的角色与技能:两个海外案例的启示[J]. 国际

城市规划,2016,31(4):79-83.

[19] 朱韵涵.存量工业用地更新规划管理对策研究:以杭州市为例[J].城市住宅,
　　2021,28(5):185-186.

[20] 邹兵.增量规划向存量规划转型:理论解析与实践应对[J].城市规划学刊,2015
　　(5):12-19.

[21] 周梦琪.城市园林景观精细化趋势探析[J].现代园艺,2019(14):112-113.

[22] 褚冬竹,马可,魏书祥."行为—空间/时间"研究动态探略:兼议城市设计精细化
　　趋向[J].新建筑,2016(3):92-98.

[23] 杨震,于丹阳,蒋笛.精细化城市设计与公共空间更新:伦敦案例及其镜鉴[J].
　　规划师,2017,33(10):37-43.

[24] 周婕,李海军.城市边缘区绿色空间体系架构及优化对策[J].武汉大学学报
　　(工学版),2004,37(2):149-152.

3 高淳绿色空间体系规划

3.1 高淳资源现状

高淳区位于江苏省西南端,长江以南,南京市南端,北纬 $31°13'\sim31°26'$、东经 $118°41'\sim119°21'$ 范围内,地处苏、皖两省交界地带。北临南京市溧水区,东接江苏常州溧阳市,南部与安徽省郎溪县相连,西部与安徽芜湖、马鞍山市当涂县接壤。距南京禄口国际机场 56 km,距南京南站 1 h 车程。全境东西最长相距 49 km,南北最长相距 29 km。高淳处于全国发展基础最好、体制环境最优、整体竞争力最强的长三角经济区,且临近长三角经济最发达的核心地区(沪、宁、杭),具有良好的交通可达性。同时,随着长三角度假需求的持续发展,高淳凭借良好的生态条件,将成为休闲旅游的重要目的地[1]。

高淳区总面积 790.23 km²,其中陆地面积 599.23 km²,占 75.83%;水域面积 242.7 km²,占 24.17%。总体区域概况为两湖夹城,水网交织,山水相依。高淳区东部以丘陵地貌为主,山林资源丰富;西部以水网圩田为主,南北两湖城,形成独特的"水绕淳城,田陵拥入"的格局。

3.1.1 自然资源现状

3.1.1.1 地形地貌

高淳境内地势东高西低,地貌上可分为低山丘陵和平原圩区两大类型。高淳区的东部丘陵起伏,属茅山、天目山余脉,大致成西南—东北向带状分布;一般地面高程为 $15\sim35$ m,大游山和九龙山最高处海拔分别为 189 m、177 m,分布有较多的黄土岗地,岗地破碎,岗、塝、冲交错,主要由流水冲切而成。西部地势低平,为湖盆平原和水网圩区,河沟纵横,水网密布,湖水资源丰富,圩田水乡风貌独特。西部地区一般地面高程为 $5\sim7$ m,常低于洪水位,受圩堤保护。由于中生代燕山运动后期的断裂作用,溧高背斜西北翼断裂下沉,形成了包括固城湖、石臼湖、丹阳湖在内的一个广大凹陷盆地。高淳区丰富的地质地貌形态使其有着大量可供开发利用的山地、水体资源。

3.1.1.2　气候条件

高淳属中亚热带湿润季风气候区,常年四季分明,春秋季较短,冬夏季较长,气候温和,雨量丰沛,光照充足,无霜期长,相对湿度大。多年平均气温 16.2 ℃,极端最高气温 42 ℃,极端最低气温−14 ℃,实测多年平均蒸发量为 861.9 mm。多年平均风速为 2.8 m/s,年最大风速 18.5 m/s(风向 NNE)。多年平均相对湿度 77.9%,平均日照小时数 2027.6 h,历年年平均日照率 46%。多年平均无霜期 321 d,多年平均雾日数 16.5 d,多年平均降雪日数 11 d。

高淳境内多年平均降水量达 1194.7 mm。由于受季风气候的影响,冷暖气团交锋频繁,天气多变,降水年际变化大,年内梅雨显著,夏雨集中,常伴有灾害气候发生。汛期(5~9 月)降水量占全年降水量的 60%,其中夏季降水量平均占全年 40%,且大部分集中于梅雨季节的 6 月中旬至 7 月中旬;冬季(12~2 月)最少,占全年的 14%。由于降水量在时空上的不均匀分布,易引发西部洪涝、东部干旱的自然灾害,在后期规划中针对降雨分布不均易引起洪涝灾害的现象需要从城市景观植物群落配置以及构建绿色生态网络来进行缓解,适当减轻强降雨对西部城市地区的影响。

3.1.1.3　水文条件

高淳区以茅东闸为界,分属水阳江和太湖两个水系。水阳江发源于安徽绩溪县,流域面积 8 934 km²。高淳西临水阳江干流,常受水阳江洪水威胁。水阳江干流经宣城进入中游圩区,经新河庄后进入下游水网区,流经水阳镇水碧桥至甘家拐处为皖苏界河,甘家拐至西陡门河段为江苏境内,西陡门以下即当涂境内称运粮河,至花津后称姑溪河,在魏家渡汇青山河后由当涂金柱关入长江。皖苏界河长约 9.8 km,高淳境内河段约 13.9 km。太湖流域总面积 3.69 万 km²,其中高淳茅东闸以下部分属太湖流域,面积 172.5 km²,主要水系有胥河,以及胥河的支流松溪河、桠溪河、陈家河等。

一、湖泊

高淳境内的湖泊数量虽然很多,面积较大,但是具备持续性开发利用价值的湖泊较少,主要为固城湖和石臼湖。固城湖位于区境南部,是高淳"鱼米之乡"的重要标志,是高淳生态的支撑和窗口。湖面呈三角形,北宽南窄,面积 30.9 km²。现有水碧桥河(又称港口河)、官溪河、新牛耳港、胥河、漆桥河、石固河等河流与湖连通。固城湖水源主要来自皖南山区的客水,其次是湖区周围山地丘陵的地表径流及长江高水位时的倒灌,水位陡涨陡落。固城湖为草型浅水湖泊,由于多年围垦湖泊形态已发生重大变化,由心形逐渐被隔离成两个湖区,分别为大湖区和小湖区,大湖区面积约为小湖区的 8～10 倍。固城湖在径流调蓄、农业灌溉、城乡供水、水产养殖以及维系生态平衡等方面发挥着重要作用。同时,固城湖也是高淳区最重要的集中式饮用水源地,是全区人民的"母亲湖"。固城湖实现了汛后控制运用,是固城湖周边地区、高淳城区乃至全区极为重要的生产生活水源地,也拥有着丰富的旅游景观资源。

石臼湖位于区境北部苏皖交界线上。该湖纳皖南山区水阳江、青弋江及周边河流汇水,现今湖面呈不规则四边形,东西长约 22 km,南北最大宽 14 km。12.0 m 水位时,湖泊面积约 207.6 km²。属跨省界湖泊,分属江苏省高淳区、溧水区以及安徽马鞍山市当涂县、博望区,高淳区部分约占 25 km²。石臼湖较大的入湖河道有博望河、天生桥河、新桥河、石固河等。石臼湖有两处口门通江,一是经三汊河于湖阳大桥处与水阳江干流相通,一是经塘沟河至中流河(又称运粮河)在费家嘴处与水阳江干流相通。湖水汇入水阳江干流后,经姑溪河由当涂金柱关入长江,长江汛期时亦有江水倒灌。石臼湖处于天然状态,枯水季节受长江低水位影响较大。石臼湖具有灌溉、蓄洪、航运、养殖和旅游等多种功能。

二、水库

高淳区有中小型水库 16 座,其中中型水库 1 座,为龙墩河水库,集水面积 26.5 km²,库容 358 万 m³,设计灌溉面积 20 000 亩,实际灌溉面积 11 000 亩;小型水库中的苗圃水库和九龙水库,集水面积分别为 2.02 km²、1.77 km²,库容分别为 236.0 万 m³、117.0 万 m³,灌溉面积分别为 4450 亩、3700 亩。

三、塘坝

高淳区共有塘坝 21 423 处,总库容达 6559 万 m³。其中蓄水量 10 万 m³ 以上的重点塘坝 54 座,总库容 688.1 万 m³。塘坝主要功能有灌溉、养殖以及景观绿化。

3.1.1.4 山地现状

高淳区拥有丰富的陶土、石灰石等矿产资源,金属和非金属矿产较贫乏。近年来,通过统筹实施矿区生态修复工程,禅林山、丁家山等 23 座露采矿山全部关停,完成矿山复绿面积 110 多万 m²,其中 95% 以上的废弃露采宕口已完成治理。2012 年以来,针对低山丘陵区的水土流失问题,高淳区历经由试点摸索到点面结合;由单纯治理与开发扶贫相结合;由治理为主到治理与预防监督相结合;由单一措施分散治理到以小流域为单元的治理阶段。重点发展以保持原生态水土为基调的小流域治理模式,完成桠溪国际慢城、游子山三条垄、漆桥街道马家宕、桠溪街道跃进水库、大荆山林场、东坝镇傅家坛等小流域综合治理。2016 年,高淳区国际慢城小流域荣获"国家水土保持生态文明清洁小流域建设工程"称号。

　　高淳区在对山地水土流失状况以及采矿口等过度开发地区进行系统的治理与恢复之后,目前的高淳山地资源变得更加自然生态,原有景观较好,景观功能丰富,这为后期采取保护性开发措施奠定了坚实的基础。所以高淳区在山地规划中,优先选择了进行山林风光廊道的打造,将通过山林风光廊以线形空间串联高淳东部、花山风景区、游子山风景区,这也是高淳区"山慢城"规划部分中最具特色的一条廊道。这种规划方法既促进了对山地资源的利用,也在一定程度上减少了其他破坏性较大的开发性措施对自然山地的影响,使得高淳区内的山地资源得到持续健康的保护与开发。

3.1.1.5　森林资源

　　高淳区现有森林公园总面积为 37.18 km²,主要包括游子山森林公园和大荆山森林公园。游子山国家森林公园总面积为 36.78 km²,包括游子山森林文化保护区、花山森林保育观光区和三条垄森林生态休闲区三个主题景区,森林覆盖率达到 72%。2011 年,游子山森林公园被国家林业局正式评为国家森林公园。大荆山森林公园总面积 100 多公顷,位于桠溪镇北部,森林资源丰富,尤其竹林资源丰富。高淳生态公益林总面积 5.04 km²,主要包括花山生态公益林、傅家坛生态公益林和桠溪生态公益林。花山生态公益林包括固城镇桥头、花联、蒋山、九龙、前进村和固城湖畔,花山林区主要为水土保持林和水源涵养林;傅家坛生态公益林位于境内东南部,主要功能为森林资源保护和生物多样性保护;桠溪生态公益林包括荆山林场、状元山周边 2 hm² 以上的重点水源涵养林。高淳区致力于推进以城市森林、农村森林、通道森林、水系森林、生物多样化森林"五个森林工程"为主体的"100 km 森林生态圈"建设。2017 年高淳区林木覆盖率为 24.46%,达到农业现代化指标,高于全省的 21.9%。

　　从全区森林分布情况看,用材林和生态林的树种主要有杉木、栎类、松木、刺槐、柏类和其他杂阔林等;经济林以茶果桑为主;竹林以毛竹为主。森林资源主要分布在东部丘陵山区,西部圩区土地利用面积有限,造林难度较大。丰富的森林资源为高淳区的绿地系统规划提供了载体,对促进高淳区生态网络健康发展,构建"绿色高淳"的规划目标具有非常重要的作用。

3.1.2　人文资源现状

　　高淳区的旅游资源非常丰富,区域内也有着充足的风景名胜资源。高淳区是中国最佳生态休闲旅游名区,有着明清第一古街高淳老街与国家 4A 级高淳国际慢城旅游度假区(中国首个国际慢城)、游子山国家森林公园等国家3A级景区,并拥有迎湖桃源、生态之旅、银林山庄3个国家2A级景区。高淳依水而生,丰富的古城遗迹积淀深厚的历史韵味,富于特色的圩田风光和村俗文化依托"慢文化"核心焕发新生机,形成了以慢为核,以水为纽,古今交映,多元共融的人文资源现状。

3.1.2.1　高淳老街

高淳老街位于高淳区淳溪街道,是高淳的商业中心,江苏省内保存最完好的古建筑群,也是华东地区保存最完整的明清古街,被誉为"金陵第二夫子庙",是国家4A级旅游景区,省级文物保护单位。高淳老街自宋朝正式建立街市,至今已有900余年的历史。老街东西全长800多m,宽4.5~5.5 m不等,因呈"一"字形,又称一字街。两旁建筑为砖木结构,合面式店房,上下二层。造型既具皖南徽派风貌,又有鲜明的地方传统风格。在建筑布局上体现了聚财的思想,建筑分布的平面形状为兜钱状弧型,寓意将财富收入兜中。

老街木构件上都有精美的木雕,或人物、或动物,栩栩如生,工艺精湛,反映出古代高淳工匠的高超技术。街东紧靠固城湖,临湖眺望,远处的游子山,山势逶迤,莽莽苍苍;近前的固城湖,湖色碧绿,潋潋滟滟。街南傍依官溪河。街面两边用青灰石纵向铺设,中间胭脂石横向排列,整齐美观,色调和谐。现有314间店铺,均为楼宇式双层砖木结构。此处自古以来为商业区,原都为前店后坊式。高淳老街别具一格的建筑、雕刻艺术风格和特点及民俗宗教文化除了具有非常重要的研究价值外也对外地的游客产生了巨大的吸引力,使其成为游客前来高淳区游玩必去的旅游景点。

3.1.2.2　游子山风景区

南京游子山国家森林公园位于古都南京最南端的高淳区,由游子山、小游山、三条垄、塘门山、南栗山、北栗山和花山、秀山、禅林山等山体组成,总面积36.783 km²。园内各山体大致呈东北—西南向带状分布。公园占地面积超过20 km²,山势起伏,主峰大游山海拔188 m,被誉为"濑渚第一形胜";游子山因孔子游历而得名;花山天然林为华东地区同地带类型中罕见。风景区文化底蕴深厚,荟萃了儒、释、道三教文化,彰显了游子山的"游子"文化。南宋诗人范成大也在此留下足迹,写下了"雨归陇首云凝黛,日漏山腰石渗金"的赞美诗句。游子山风景区的景观资源丰富,成为高淳区内游客游览量最大的风景名胜区[2]。

3.1.2.3　漆桥古村落慢食文化体验街区

漆桥古村落慢食文化体验街区位于国际慢城和淳溪老街连线的中心地带,交通十分便捷。老街全长500 m,本着修旧如旧、规划引领、营造业态的原则,遵循漆桥历史文化肌理和旅游市场运行的规律,两年多来开发和保护工作一以贯之,先后复建了关门,修建了仓漆桥、仓漆路、停车场、游客服务中心、慢食广场,修缮了迎六公祠、老茶馆等房屋 58 间。街区共有商铺近 60 家,其中引进特色小吃及文化创意类商铺共 22 家,基础配套设施基本到位,初步形成了以吃住结合、前店后坊结合、购物娱乐结合的慢食文化体验街区。

3.1.2.4　瑶池生态之旅风光带

瑶池生态之旅风光带位于高淳区桠溪镇西北部,是一处整合了丘陵生态资源而形成的集观光休闲、娱乐度假、生态农业为一体的农业综合旅游观光景区,也是南京线路最长的自驾游景区。区内"生态之旅"观光道路全长 48 km,区域面积达 2.5 万亩,涵盖了瑶池、桥李两大观光园区和大官塘、瑶池瓜子基地、桃花村、天地戏台、状元山、兴地农果园、台钓基地、荆山竹海等众多景点。瑶池生态旅游区群山叠翠、绿水相间、文化底蕴深厚,是高淳区内有着原始天然的自然环境和得天独厚的生态条件的度假景区,景区尤以五里长廊闻名,被《华人时刊》誉为中国的"廊桥遗梦",吸引了全国各地的人群前来游玩,为促进当地旅游经济发展作出了巨大的贡献[3]。

3.1.2.5　薛城遗址

薛城遗址是南京地区现存最大的史前遗址,位于苏皖交界的石臼湖南岸原薛城乡(今淳溪街道)境内。1997 年 8 月在薛城乡卫生院基建施工中发现,同年 9 月 4 日至 12 月 16 日由南京市博物馆和高淳县文保所共同组成考古发掘队进行发掘。遗址总面积约 6 万 m²,揭露部分的文化堆积分上下两层,上层为氏族墓地,下层为居址。遗址出土的文物以陶器、玉器、石器和骨器为主,其中以平底釜、筒形罐、三系钵、彩绘豆等为代表的陶器最为典型,地域特征鲜明,经过调查研究发现这是长江下游南岸西段苏浙皖三省交会地带的一种新的文化类型,已被有关学者命名为"薛城文化类型"。该发现填补了这一地区史前考古的空白,对构筑这一地区史前文化发展序列,及进一步认识宁镇地区和太湖流域新石器时代文化有着非常重要的意义。

2008 年 10 月,文物部门在遗址上搭建了保护大棚,恢复了发掘区遗址下层居址面貌。之后又以"金陵第一古村落"为题举办薛城遗址出土文物专题展览。薛城遗址成为南京地区第一个就地保护展示的史前聚落遗址。2013 年 3 月,作为南京重点文化工程之一的薛城遗址公园已初步建成开放。同年 5 月,薛城遗址公布为第 7 批全国重点文物保护单位之一。由于北阴阳营遗址今已不存,薛城遗址堪称金陵第一古村落,被誉为镶嵌在历史文化名城南京王冠上的一颗闪亮的宝石,吸引着全国各地的游客前来参观[4]。

3.1.2.6　民俗文化高淳桠溪祠山庙会

高淳地处古丹阳大泽之滨,地势东低西高,特殊的地理位置,决定了高淳是一片易旱易涝的地区。千百年来,高淳人民一直和洪旱灾害作斗争,对汉代的治水英雄祠山大帝张渤十分敬仰,在他墓旁建庙祭祀,并将横山改名祠山世世代代加以祭祀。

祠山祭祀活动起源于西汉,鼎盛于明代。桠溪祠山祭祀活动则鼎盛于民国。民国年间,广德的祠山总会祭祀活动十分隆重,桠溪地区离广德比较近,桠溪老百姓都赶去烧香跪拜。后征得祠山祖庙同意,20世纪20年代,桠溪镇社寿村建起一座规模较大的祠山庙,桠溪一带百姓就地烧香祭祀,村村设祭台祭祀。庙会期间,全县各地及周边地区的人都来赶庙会,多者达数万人。战乱时祭祀活动被迫停止。新中国成立后于1996年首次恢复祭祀活动,出巡队伍就有2000多人。桠溪一共有18个祠山庙会,分东岳祠山会、南岳祠山会,虽然祭祀时间不同,但祭祀的方式、内容大同小异,各具特色。在时代发展过程中这些具有民俗文化特色的祭祀活动并没有消失,而是在人们的世代传承中一直沿袭至今。

近年来,高淳区桠溪镇再次修缮了张渤纪念馆,为祠山庙会活动提供场所。当地政府组织有关人员挖掘、整理有关张渤的传说、故事,汇编成册。当地民间成立了祠山庙会领导班子,每年负责庙会活动的相关工作,使祠山庙会活动得以健康、有序地开展。2007年,南京祠山庙会被南京市人民政府列入首批南京市非物质文化遗产名录。

3.1.2.7　高淳薛城花台会

薛城花台会始兴于清康熙年间。据当地《邢氏家谱》记载:清康熙年间,山东聊城邢姓在朝廷为官,其母想要看北京金銮殿,但因年逾七旬,行动不便。康熙皇帝得知这一情况后,便命工匠仿照金銮殿建造了一个模型,赐给这位官员,以了却其母想看金銮殿的愿望。当时薛城邢姓就派人前往聊城庆贺,并按照金銮殿的模型绘制成图,归来后聘请能工巧匠照图在村头搭建了一个花台,于农历三月十八日邀班唱戏,并名曰花台会。花台会一般于农历三月十八日开始,为期三至五天,届时还举办土特产物资交流会和其他民俗文化活动。花台会期间,村民聘请剧团唱戏,一时观众云集。不仅本县群众前往观看,就连苏、锡、常等地及皖南也有人闻讯而来,花台会也成了宣传高淳民俗文化特色的一个重要的载体。花台会的习俗从清朝时起就一直延续至今,已经有着300多年的历史。2007年,薛城花台会也被南京市人民政府列入首批南京市非物质文化遗产名录[5]。

3.1.2.8　高淳民歌

高淳古时地处"吴头楚尾",境内重峦叠嶂、湖泊纵横、水明山秀、四季常青。优美的自然环境造就了高淳独特的民俗文化,主要集中体现在其独具特色的"高淳山歌"上,它是南京高淳的传统民歌,源远流长,自古以来,高淳就有"出门山歌进门戏"的习俗。高淳早在6300多年前就有人类居住,先民们在渔狩、牧耕过程中,创造出原始的劳动歌曲,例如插秧歌、耘田歌、牧牛歌、打夯号子、拔船号子、龙船号子等。高淳民歌是劳动人民在自己亲身经历过的事物的基础上,通过自由想象,把情感形象带入其中,从而达到情真意切、声情并茂。高淳民歌来自田野,劳动过程中和劳动之余,人们即兴演唱,愉悦身心。尤其是劳动号子,节奏欢快,一唱众和,既可以缓解体力疲劳,又可以增强劳动的合力,提高干活效率。有的高淳民歌已被编入《江苏民歌音乐选集》,其中,《五月栽秧》《采红菱》《一粒下土万担粮》《卖货郎》已成为国内非常有影响力的民歌。淳朴的山歌号子给高淳独具特色的民俗文化又增添了一抹靓丽的色彩[6]。

3.1.2.9 六月六龙舟竞渡

高淳属江南水乡,自明代以来,六月六龙舟竞渡就是高淳水乡一项传统的民间竞技活动。史载,划龙舟源于西汉,每逢农历五月端午为纪念屈原而举办此项活动。在高淳,赛龙舟的习俗流传甚久。六月六龙舟竞渡分别在官溪河、横溪河、茅城湾等河道中进行。其中,砖墙茅城龙舟竞渡最有影响,此处河道开阔,可供百余只龙舟同时运行,十余队龙舟同时比赛,河道两岸为百姓观赛胜地。1953 年 6 月,砖墙茅城河有 103 只龙舟汇集,观众达数万人。

龙舟竞渡作为一项水上集体活动,不仅可以强身健体,而且可增强各村间的友谊和各家族的凝聚力,有利于和谐农村的建设。近年来,高淳区重视六月六划龙舟的资料收集、整理工作,建立了划龙舟的相关资料档案,对六月六划龙舟的民间艺人进行调查摸底,保护其传承人。同时,为了使得龙舟竞渡文化得到广泛传播,使得更多人可以参与到其中,当地政府着手对茅城河进行规划整理,这样可以在龙舟竞渡时容纳更多的参赛队伍,扩大六月六龙舟竞渡队伍,吸引外地游客参加到高淳特色民俗文化活动当中去。高淳六月六日龙舟竞渡活动在 2007 年被南京市人民政府列入首批南京市非物质文化遗产名录[7]。

3.1.3 高淳区基本资源条件总结

一、绿色资源丰富,山林植被面积广泛

高淳区总体绿色资源较为丰富,面状绿色资源主要集中在高淳区的东部丘陵山区,西部圩区的绿色植物面积较小,且利用面积有限,造林难度较大。因此高淳区内绿色资源主要为东部山林植被,整体景观面貌以自然野趣为主。

二、水景观丰富多样,特点突出

高淳区独特的地貌特征使得区域内水域面积较大,流域内河、湖、塘坝、圩田等各种类型的水体资源种类丰富。区域内的主要湖泊为高淳区南部的固城湖以及区域内靠近北部的石臼湖。西部地势低平,为湖盆平原和水网圩区,河沟纵横,水网密布,湖水资源丰富。高淳区内水文化、圩文化历史背景深厚,湖水资源丰富、圩田水乡风貌独特,在后期规划中可以重点打造高淳圩田水乡特色景观,将石臼湖、固城湖、横溪河等高淳水脉联成一个有机整体,打造带有浓厚江南水韵的宜居空间。

三、文旅资源发达,民俗活动多元

高淳境内文物古迹、宗教圣地、古建筑等景点众多,如高淳老街、固城遗址、薛城遗址、瑶池生态园等具有高淳地域特点和历史文化记忆的风景名胜和历史遗迹在高淳区内分布广泛;传统的民俗活动如六月六日龙舟竞渡、富有本土特色的民歌文化和薛城花台会等在高淳区内得到了当地政府的大力弘扬,也为后期规划中将高淳民俗文化融入旅游特色奠定了基础。高淳境内可供开发利用的人文资源丰富,虽然目前文化品牌影响力还不够强、文化传承载体不够充足,但文化素材丰富、文化底蕴丰厚,并且现有的特色文化旅游景点与当地特色植物结合利用较好,有明显的季节性特征,具有较强的文化吸引力。当前文旅景观主要呈点状分布,要想带动周边地区发展,还需要进一步进行优化和开发。

3.1.4　高淳区绿色资源现状分析

高淳区整体绿色景观资源丰富且种类多样,主要从"文慢城"规划片区、"山慢城"规划片区和"水慢城"规划片区三个部分来对高淳区绿色资源现状进行分析。

3.1.4.1　"文慢城"绿色资源现状分析

一、总体绿色资源现状

"文慢城"的规划部分主要位于高淳区的中部地区。高淳中心城区绿地建设总体较好,且主要绿地资源分布在老城区,其中以濑渚洲公园、宝塔公园、泮池公园为代表的城市公园群在现状绿地中占了较大比例(图3-1);但是由于中心城市建设力度较大,所以城区内公园绿地总体系统性不强、分布不均衡,尤其是城区内老城区的居住区绿地率较低,居住拥挤,绿地匮乏,居民缺少休闲健身等户外活动场地;在线状绿地分布上,由于目前对河道的保护利用不够,沿河绿带建设力度不大,没有形成景观内核。

除了公园绿地外,广场绿地也有着重要的绿色生态作用。高淳中心城区广场绿地以湖滨广场、人民广场和春东湖广场3个规模较大的广场为代表;还有一些中小型广场,如红太阳广场、玉泉广场、甘霖广场、红宝丽广场、学府广场等。高淳区的广场内的植物景观丰富,且植物种类也较为多样,存在的问题主要集中在广场内的植物景观与文化结合不足,乔灌草搭配略有一些不合理,城市特色未能彰显。

图 3-1　中心城区主要
公园位置
图片来源:作者自绘

二、道路绿地现状分析

文慢城内部的道路类型主要为国道和省道,这两种类型的道路穿过高淳区的中心城市部分,沿途经过固城湖,使游人既能够欣赏到高淳老街、濑渚洲公园、宝塔公园等人文景观,也可以观赏到开阔的固城湖、石臼湖景等。总体来看,文慢城内部的道路在植物配置上树种较丰富,具有一定的季相变化,且以混交林为主,纯林为辅。道路绿带的下层结构多为草丛、草灌,部分路段植物群落结构单一,无乔木及无下层植被的情况严重(图 3-2,图 3-3)。

图 3-2　文慢城道路绿
地现状 1
图片来源:作者自摄

图 3-3 文慢城道路绿地现状 2
图片来源：作者自摄

三、重要节点绿色资源现状

（一）宝塔公园

宝塔公园位于高淳区城东。公园内的四方宝塔始建于东吴，系孙权为其母延寿祝福而建，是古城高淳的一个标志性建筑。高淳素有"四方宝塔一字街，倒栽柏树白牡丹"之说，白牡丹有着高淳四宝之一的美誉。宝塔公园内种植了大片白牡丹，使得公园内的景观氛围极具地域历史文化特色，白牡丹伴宝塔左右，"花香风动舞仙仙，满目琼瑶坠自天"，白牡丹花丛便成为公园内最迷人的景观节点。公园内的植物配置多以层次丰富的乡土植物为主，如朴树、榆树、红枫、重阳木等；在公园的水域及周围还种植了大量的水生植物，以及杨柳、水杉、鸢尾等耐水湿树种，形成了丰富的植物群落。

（二）高淳老街

高淳老街又称一字街，其内建筑物皆为明清时期所建，砖木建筑、皖南风貌、粉墙青瓦，徽派的典雅与苏南的轻盈两相皆宜。为了重现老街内"牛衣古柳卖黄瓜"的古风韵味，在老街内部的植物种植上多以种植秀丽、具有乡村情调、古朴树姿的树种为主，如水边的垂杨柳树和街角屋头的柿子树，一年四季老街内的植物色彩也不断变幻着。在高淳老街，植物的种植更多是起到点缀古朴街景的作用，树种配置也不在于多，而在于精，以凸显老街内的人间烟火和淳朴民风为主要目的。

3.1.4.2 "山慢城"绿色资源现状分析

一、总体绿色资源现状

山慢城的总体规划区位大致位于高淳区的东部。高淳区整体地貌东高西低,东部为山区,现状山林地多集中于此。现状山林地主要包括状元山、红色山、荆山、枯竹山、遮军山、游子山、马鞍山、木竹山、大花山、尖山、九龙山等。山林绿地的主要树种以杨树、杉木、茶树、樟木、榆树、湿地松、毛竹为主,树种结构以阔叶纯林和阔叶混交林为主,部分区域植被结构单一,景观效果一般。景观连续性不足,与城区割裂,没有形成明显的景观廊道。

高淳区现有森林公园总面积为 37.18 km²,主要包括游子山森林公园和大荆山森林公园。游子山国家森林公园总面积为 36.78 km²,森林覆盖率达到 72%。大荆山森林公园总面积 100 多公顷,位于桠溪镇北部,森林资源丰富。高淳生态公益林总面积 5.04 km²,主要包括花山生态公益林、傅家坛生态公益林和桠溪生态公益林。花山生态公益林包括固城镇桥头、花联、蒋山、九龙、前进村和固城湖畔,花山林区主要为水土保持林和水源涵养林;傅家坛生态公益林位于境内东南部,主要功能为森林资源保护和生物多样性保护;桠溪生态公益林包括荆山林场、状元山周边 2 公顷以上的重点水源涵养林。

除了山区绿色资源丰富外,高淳区山慢城部分的田园景观也十分丰富,如郊野农田、生态园等。植被类型主要为经济作物,包括水稻、茶、油菜花、蔬菜等。除了田园景观外,山慢城内的现状绿地资源还包括防护林、风水林、宅旁园内人工栽植植被等。高淳区山慢城规划部分总体来看植物种类多样丰富,但植被结构较为简单,生态性较弱。

图 3-4 高速公路植物景观现状
图片来源:作者自摄

图3-5　国道两侧植物配置现状
图片来源:作者自摄

二、道路绿地现状分析

山慢城部分主要由高速和国道串联,道路途径游子山、大花山风景区,沿途可观览山林景色(图3-4,图3-5);经过东部农田,能欣赏山野乡村风光等。但是从高速和国道的道路树种搭配上来看,树木种植的种类较少,彩色植物不足,色调单一,植物结构以混交林为主,下层结构多为草丛,部分路段存在乔木较少、下层无植被覆盖的情况。

三、重要节点绿色资源现状

(一)花山片区

花山位于高淳区南部、固城湖东南岸,为天目山余脉,由大花山、小花山等组成,主峰大花山海拔139 m,因山上曾生长过名贵的白牡丹花而得名。花山片区地佳幽静、花多泉盛,充满优雅的古韵禅意,有著名的白牡丹景观;但植物多自然生长,景观较为杂乱,部分植物长势不佳。花山林木繁茂、幽静深邃,随季节变化能呈现不同的色彩效果;但山林景观的原始山林的浓郁与神秘不足,灌木过多,高挺的古树较少。片区内的主要优势树种有马尾松、湿地松、黑松、柳杉、杉木、栎类、刺槐、枫香、楝树、桂花、女贞、构树、柏木、榆树、茶及其他阔叶树种。花山片区是山慢城山林风光廊序列的重要一环,着重打造花山以白牡丹为主题的植物景观有利于聚焦高淳全域美丽花园愿景,推动形成山水相汇、城景交融的景观特色(图3-6,图3-7)。

图 3-6　花山片区植物
景观现状 1
图片来源:作者自摄

图 3-7　花山片区植物
景观现状 2
图片来源:作者自摄

（二）游子山森林公园

　　游子山森林公园位于江苏省长江南岸,南京郊区的高淳区东坝、漆桥、固城三镇境内,主要包括游子山片区和三条垄片区。游子山国家森林公园内有大、小游山两座标志性山峰,山清水秀,人杰地灵,人文底蕴十分深厚,被誉为"三教圣地"。三条垄片区集山、水、茶、林于一体,青翠苍郁,美不胜收。森林公园总面积为 3678.3 hm²,森林覆盖率达到72%。游子山共有蕨类植物和种子植物 148 科 726 种,植物物种较为丰富,但群落结构较为单一,季相景观不明显。游子山森林公园内的优势树种主要有马尾松、湿地松、雪松、黑松、红豆杉、池杉、香樟、柏木、杉木、柳杉、栎类、楠木、榆树、刺槐、构树、楝树、乌桕、桂花、女贞、毛竹、刚竹等。

3.1.4.3 "水慢城"绿色资源现状分析

一、总体绿色资源现状

高淳区水网密布,作物丰富,蕴含江南水乡韵味。区内圩田数量很多,包括永丰圩、相国圩、永胜圩等,主要利用湖滩地肥沃土质与水体资源,周边多为水系环绕。植被多为经济作物和防护林,以水生农作物为主。圩田周边植物群落以小乔木、灌草为主,林冠线起伏不大,水生植物景观丰富,植物形态舒展,质感细腻;植物色彩以深绿色、橙黄色、红色为主,体现水乡田园的情趣。但由于圩田养殖等产业过于发达,导致当地水域自然植被的破坏现象也较为严重。

"水慢城"规划部分的乡村河流、池塘与村民生活联系紧密,河流周围依然保留着当地的传统水乡风貌,但是存在着滨水景观较粗放,植物配置单一,缺乏水生植物,硬质驳岸较为生硬与自然滨水风貌出入较大等一些现状问题。

二、道路绿地现状分析

"水慢城"片区主要由城市干道、乡村道路穿过,途经城市风光、慢城美景、水乡圩田等。干线树种较为丰富,有丰富的季相变化,开花植物较少,以纯林和混交林为主。下层结构多为草灌、草丛、灌丛。部分路段存在无乔木或下层无植被情况,且景观地域特色不明显(图3-8,图3-9)。

图3-8 城市干道道路绿地现状1
图片来源:作者自摄

图 3-9　城市干道道路绿地现状 2
图片来源：作者自摄

三、重要节点绿色资源现状分析

（一）固城湖

固城湖周边植物以人工种植的树种为主，自然植物群落相对较少，且树种种类也较为单一。人工种植的树群主要用作护岸林和环境保护林。固城湖区域的东部丘陵地区主要种植的是乔木，且植物层次较为丰富；西部和北部的植物高度较低且主要是以水生植物为主，如芦苇、水芹、茭白等具有水乡景观特点的特色水生植物，形成了"星星渔火水中明"水田交织的圩田水韵。

（二）石臼湖

石臼湖位于大荆山—游子山—石臼湖南岸线与石固河—固城湖西岸线两游线交汇处，既是高淳区城市景观廊的北端终点，又是文慢城与水慢城交界处重要的门户节点，是极具水乡风情的重要景观节点。石臼湖沿岸植物种类较为单一，多以当地的水生植物和水生农作物为主，如茭白、菖蒲、水葱等。总体而言，石臼湖周边河岸及绿地的地被植物覆盖率不高，存在地表裸露、植物长势欠佳等绿化现状问题，没有形成连续可观的景观带。后期规划过程中需要注意植物形态与色彩的配置以及整体领域面上的成景效果。

3.1.5　高淳全域绿色特征识别

一、山水相映，富有江南风情

高淳区内的开敞空间景观结构丰富，包括作为基质的农田、郊野公园等，以及作为廊道的沿河绿地。整个区域内山水林田相依，圩田水乡自然风景独特，水质清澈，形成了清雅秀丽的江南水乡风光。

二、林田野趣，处处风景如画

高淳区境内山地资源丰富，山林地主要集中在东部片区，有游子山森林公园、花山片区、桠溪国际慢城等多处自然风景区，以及多处集观光休闲度假、体验参与、休闲娱乐、生态农业为一体的农业旅游景区。景区内不仅能观赏四季花海、千亩红枫等自然景观，还有民俗文化、文峰览胜等人文历史景观及一些娱乐项目，慢城内生态环境优美，风景如画。

三、文化为魂，生态环境宜居

高淳中心城区通过综合规划，绿色慢行网络得到了完善提升，高淳老街、宝塔路绿廊有着深厚的历史文化内涵，与整个城市的生态环境相契合，展现了高淳区老城区浓厚的文化底蕴与人文关怀。城区内多季相的节点与廊道交织成网，构建了总体生态廊道体系，实现了绿色区域全覆盖，人居环境优美，真正建设成为人文绿都标志区。高淳区以文化为魂，统领文慢城的旅游开发，以老街为核心传承明清历史民俗文化，将其打造成一个"以文会客，以文聚客"文慢城，打造精致浪漫的城市生活。

3.2　上位规划研读

3.2.1　相关规划文件

从 2013 年开始，南京市大力推进生态绿道建设，按照"一道一方案一特色"的精细化标准，初步构建了串联生态景观、融合文史资源、承载市民活动等多种功能的绿色网络，全市绿道总长达 863 km。按照城市与自然和谐相融的原则，南京以绿地布局、绿地类型为切入点，逐步完善绿地系统规划。

2017 年，随着新一轮南京市城市总规修编的开展，市绿化园林局同步启动了《南京市绿地系统规划（2017—2035 年）》编制工作。该规划打破了以往绿化的城乡二元体系，规划构建了城乡一体化的绿地系统；进一步优化了廊道布局，强化了蓝绿生态网络联系；更重视特色彰显，提出了"山清水秀、花繁四季"的规划愿景，规划形成的"一带、两片、两环、六楔"绿地系统结构，也更加符合南京城市发展的实际。为当好"绿色管家"，南京市出台《南京市城市建设工程树木移植、保护咨询评估规定》，并率先实施。

高淳区作为南京重要的一部分，把规划管控放在首位，"一张蓝图"抓到底。按照"点上开发、面上保护"要求，把全域划分为"70%生态涵养区、

30%生态经济区",先后编制了《南京市高淳区生态文明建设规划(修编)(2018—2020 年)》《生态保护引领区建设方案》等 10 多个中长期规划,以及固城湖生态环境保护总体规划、固城湖退圩还湖专项规划等 30 多个专项性规划,有效控制"水陆空"开发强度、区镇村开发边界,区镇(街)两级生态文明规划实现全覆盖。高淳区相关规划文件主要还有《南京市高淳区城乡总体规划修编(2013—2030 年)》《南京市高淳区综合交通规划(2016—2030 年)》《南京市高淳区生态文明建设规划(修编)(2018—2020 年)》《南京市高淳区慢行交通系统规划(2018—2030 年)》《高淳老城区(NJGCb040)控制性详细规划》《高淳经济开发区(NJGCb050 与 060 单元)控制性详细规划》《南京市高淳城北科技新城控制性详细规划》《高淳生态保护与建设示范区实施方案(2014 年)》等。

3.2.2 上位规划解读

一、《南京市城市总体规划(2018—2035 年)》

高淳区以慢城为品牌,主打南部田园区,在城乡空间格局上构筑"南北田园、中部都市、拥江发展、城乡融合"的空间格局。高淳位于南部田园区,保护市域南部优质的山水本底,形成南京市重要的生态安全屏障,建设特色田园乡村,最大限度保护山水林田湖生态要素,生态空间占比不低于 85%,加强非集中建设区管控与引导,探索乡村振兴模式。在城乡体系上,规划六合、溧水、高淳 3 个副城,重点提升区域服务功能,增强对南京周边区域的辐射和带动作用。高淳副城是以慢城为品牌的生态宜居城区、苏皖交界地区的综合服务中心。

在城乡绿地布局上,合理布局综合公园、社区公园、专类公园、游园等,形成类型丰富的绿地网络。依托城镇开发边界外自然山水、历史文化资源,规划建设山林型、湿地型、田园型等类型的郊野公园,为市民提供绿色郊野游憩空间。

二、《南京市高淳区城乡总体规划修编(2013—2030 年)》

高淳区作为南京都市圈副中心城市,依托现有交通资源,结合城镇绿地、水系等,构建慢行友好型城市。高淳区的城市性质为南京都市圈副中心城市和江南现代生态休闲科技新城;高淳区以打造长三角高品质生态健康宜居城、南京到黄山旅游带上的重要休闲旅游目的地、苏南地区科技新区与制造业服务枢纽、苏南现代化建设示范区中新型城镇化与绿色增长创新示范区为目标。全区整体构建"一城两湖两翼,有机网络组团"的总体空间结构。对于全区慢行系统规划的发展目标与基本思路是依托现有交通资源构建慢行友好型城市,结合城镇绿地、水系等一体化规划、布置,构建国家步道体系;开辟电瓶车道与自行车道系统。区域内的慢行系统发展原则是将慢行系统作为城市道路的重要补充,打造合理的人车分流的城乡道路系统;并且根据生态主导原则,塑造宜人的慢行空间,为城市居民打造健康的生活空间,并以此打造城市名片。

高淳区需要构造全区泛绿地系统,形成"区域级绿地—城镇绿地—农业绿地"三级绿地体系,体现人文关怀,打造绿色人文空间。规划目标是突出山水特色,打造全区特色湖山体系。为了体现人文关怀,将高淳老街等历史人文资源与自然生态资源结合发展,打造绿色人文空间。结合高淳区地形地貌条件,充分利用现有资源,整合林地、水域、地质景观及历史文物古迹等资源,构建全区范围"泛绿地系统"。根据规划,"泛绿地系统"包括区域性公园绿地、城镇绿地与农业绿地。规划形成"两湖夹一城,一带贯南北,多廊纵阡陌,绿满高淳城"的总体生态廊道体系。"两湖"即石臼湖、固城湖;"一带"即石臼湖—石固河—固城湖形成的湖城生态廊道;"多廊纵阡陌"即全区丰富的水系廊道;"绿满高淳城"即全区优质的绿地基底。

三、《南京市高淳区慢行交通系统规划(2018—2030 年)》

对于高淳区内的城区街道,要利用好城区内的主要生态廊道,结合片区资源点,打造特色慢行系统。在城区绿道规划上,需要构建城区绿道网络的骨架,充分利用石固河、芦溪河、官溪河、固城湖和郊野绿道,结合景观型道路,构成城市绿道主要廊道。共布局"六横六纵"的城市绿道。"六横"指的是石臼湖休闲道、石固河支流休闲道、芦溪河休闲道、大丰河休闲道、固城湖休闲道、双湖路绿道。"六纵"指官溪河休闲道、西部郊野休闲道、石固河休闲道、东部郊野休闲道、古檀大道绿道、花园大道绿道。对于老城特色慢行区规划需要结合片区资源点分布,打造示范区"一脉三轴多节点"的特色慢行系统,片区内对机动车交通进行适当限制,营造良好的慢行环境,鼓励慢行交通出行。此外还需要结合片区历史文化、商业、游憩、生活资源及需求分布,营造融历史文化、商业购物、休闲游憩、生活健身于一体的多彩特色慢行系统,吸引游客并服务于居民日常休闲游憩需求,分为紫慢、红慢、青慢、黄慢四类。

四、《高淳老城区(NJGC040)控制性详细规划》

该规划的主要内容是提高居住社区服务功能,结合人文打造特色绿色系统,增加便民型绿地。对于高淳老城区的绿地系统规划原则主要包括营造优美的人居环境,提高居住社区绿地服务功能,满足市民生活休闲和游憩的需要;保护滨水绿化空间和现状城市公园,结合历史文化脉络和道路系统配置绿地,构建完善合理的绿地系统;按照服务半径和居住社区组织积极增加便民型绿地,提高绿地的公共性和可达性。在布局结构上,规划形成"一带三链、多点联网"的绿地系统结构。

表 3-1 规划主要公园一览表

序号	级别	名称	位置	面积(hm²)	建设状态	备注
1	地区级	宝塔公园	宝塔路南,石臼湖南路以东	9.87	已建	不含水面
2	地区级	濑渚洲公园	丹阳湖南路以东,宝塔路以南	17.73	已建	不含水面
3	地区级	固城湖湿地公园(滨湖广场)	滨湖大道、丹阳湖南路东南面	11.67	已建	不含水面
4	地区级	筑城圩文化公园	固城湖南路以西,滨湖大道以北	19.65	未建	不含水面
5	地区级	太安圩湿地公园	芜太公路以南、芜太高速公路两侧	21.50	未建	不含水面
6	地区级	官溪公园	太安圩路以西,官溪路东北侧	10.11	未建	—
7	地区级	泮池园	宝塔路以南,小河路以东	2.81	已建	不含水面
8	地区级	大桥公园	北岭路以南,官溪路以东	3.35	未建	—
9	居住社区级	小湖滩公园	淳兴路以北,固城湖南路以西	5.72	已建	不含水面
10	居住社区级	武家嘴法治文化公园	丹阳湖北路以东,北岭路北面	3.16	已建	—
11	居住社区级	戴村公园	宝塔路以东,滨湖大道以西	3.86	未建	—
12	基层社区级	太安公园	太安路以西,北岭路以北	3.08	未建	—
13	基层社区级	淳西公园	北天河路以西,大桥路以南	1.13	未建	不含水面
14	基层社区级	凤岭公园	镇兴路以北,大丰路以西	1.03	已建	—
15	基层社区级	海棠园	固城湖北路以东,市场以北	1.08	已建	不含水面
16	基层社区级	王村公园	学山路以西,康乐路以南	0.39	未建	—
17	基层社区级	西舍公园	淳兴路以南,商唐路以东	0.28	未建	—

表格来源:作者自绘

五、《高淳经济开发区(NJGCb050 与 060 单元)控制性详细规划》

以便民、利民为核心,构建三级体系绿地可达系统,提倡立体绿化,提高绿化率。规划中提到以"便民、利民"为主要依据,综合地区用地功能,结合商业、社区中心、交通节点布局绿地,同时充分利用现状水系及改造用地布置绿地,组织规划区内各种不同尺度、不同类型的绿地、水体联系成为有机的整体网络。此外,规划中大力提倡立体绿化,建议绿地建设向立体化方向发展,鼓励垂直绿化、屋顶绿化等建设,以提升规划区整体的绿化覆盖率和绿化水平。布局结构的规划重点在绿地系统的整合完善和串联,规划形成"两带、八廊、多点"的绿地系统。从服务居民生活、工作、游憩的需求角度,规划绿地布局体现绿地建设的"均好性"特点,按照城市公园、社区公园、街头绿地三级体系建设和完善绿地系统,建构游憩、休闲、娱乐三个不同层级、不同尺度和不同功能的户外活动圈。三级绿地系统分别是以"街头绿地"为主体,建构"步行 5 min(350 m)见绿"的"日常游憩圈";以"社区公园"为主体,建构"步行 10 min(700 m)可达"的"户外休闲圈";以"城市公园"为主体,建构"步行 15 min(1050 m)可达"的"户外娱乐圈"(表3-2)。只有通过绿地合理布局,各居住片区才能实现绿化全覆盖。

表 3-2　规划主要公园一览表

序号	等级	名称	服务半径(m)	面积(hm²)
1		棠梨港公园	1000	25.83
2	片区级	石固河公园	1000	144.40
3		武家嘴公园	1000	17.9
4		湖滨社区公园	500	1.55
5		古柏社区公园	500	1.60
6	社区级	核心社区公园	500	3.44
7		社区公园	500	1.79
8		紫金北社区公园	500	1.84

表格来源:作者自绘

3.2.3 规划优化方向

一、沟通城市与郊野景观,实现景观融合

目前的规划主要是对城区景观与郊野农田水域景观分别进行整治规划,但是要想打造一个具有地域特色的城区,必须将高淳区域内不同景观片区融合起来形成一个具有绿色空间脉络的景观网,发挥各片区景观优势,打造特色高淳。

二、优化山慢城林相结构,强化季节性植物景观

高淳区山林地域广阔,林地植物种类丰富,但是多以绿色乔木为主,缺少彩叶树种,季相变化不够丰富。因此在植物选择中,要因地制宜、适

地适树,以乡土树种为主,外来树种为辅,重视树种比例、季相景观、空间设计、层次设计,在林区部分构建层次感强、季相变化明显、色彩丰富、四季分明且四季皆有景可赏的风景林。

三、优化水慢城自然植被基底,凸显水生植物景观特色

水慢城片区整体水域面积辽阔,河、湖、塘坝等多种类型水体丰富,高淳区最具特色的圩田景观虽然得到了一定的开发利用,但仍存在自然植被基底单一,水生植物特色不够鲜明等问题,在后期规划中可以针对这些现状进行统筹规划,提升水慢城片区圩田景观特色,凸显出当地具有自然水乡风情的水生植物景观。

3.2.4 规划必要性

一、规划现存问题亟待解决

经过对高淳区全域绿色空间进行调研分析,发现区域内绿地系统规划以及城乡景观融合等方面还存在着许多不足之处。在高淳区的西部片区,水资源景观虽然非常丰富,但是全域湖岸沿河景观风貌单一,没有形成具有高淳地域特色的水乡风貌,还需要对其进行进一步提升;东部山林地区景观层次不够丰富,绿色资源基本上以大片密集的森林为主,景观单调,乡村景观建设不足,特色田园风景没有得到开发;高淳城区绿地有绿缺彩,景观较为单调,生态结构有待提升,且特色景观覆盖范围较小;乡村特有水乡圩田风貌,山林特有生态自然风貌利用不足,城市核心固城湖不同方向湖岸景观风貌差异性较大,生态景观不足。这些问题都急需得到解决。

二、现有规划涉及范围有限,迫切要求全域统筹

高淳区上位现有规划所涉及范围和方向有限,不能全面解决所有问题,如上位规划《南京市城市总体规划(2018—2035年)》《南京市高淳区城乡总体规划修编(2013—2030年)》《南京市高淳区慢行交通系统规划(2018—2030年)》《高淳老城区(NJGC040)控制性详细规划》等上位规划均涉及特定领域的规划措施,但是没能形成一个较为完整的规划体系,所以南京市高淳区需要新的全面全域性规划来统筹,来解决这些问题。

三、城市特色挖掘不充分,尚待进一步开发

高淳区内的历史古迹以及各种民俗活动种类丰富且分布广泛,但是目前由于高淳区的城市文化发掘不够深入,很多人文旅游资源未得到充分开发。现有上位规划虽然已经取得了一定成果,城市景观格局与风貌有了基本的形态,但还需要进行更加深入的规划,提升全域景观风貌特色,增强高淳区城市吸引力与核心竞争力,打造具有特色地域文化景观的高淳区。为此,还要进行全面全域提升策略,从慢生态、慢水乡、慢生活三个方面来全面提升城市风貌,增强和促进高淳区城市慢旅游发展。

3.3 高淳"花慢城"规划

3.3.1 规划范围

"花慢城"规划范围较广,分中心城区和规划区两个层次。包括南京市高淳区全部行政区域,总面积约 940 km²,城区内的 6 个街道(淳溪街道、古柏街道、漆桥街道、东坝街道、固城街道、桠溪街道),2 个镇(阳江镇、砖墙镇),以及省级经济开发区高淳经济开发区均属于"花慢城"规划范围之内(图 3-10)。规划确定的规划年限为 2020—2036 年,其中,近期规划年限为从 2020—2026 年;远期规划年限为 2026—2036 年。规划远景目标为 21 世纪中叶全面建设完成"花慢城"总体规划项目。

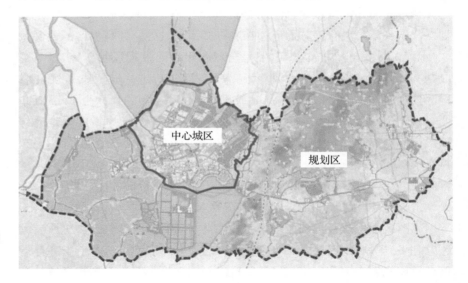

图 3-10 "花慢城"总体
规划范围
图片来源:作者自绘

3.3.2 规划区核心问题批判

一、区域内绿色空间与城市空间融合不足

高淳整体绿色空间多分布于郊野,与城市空间割裂感较强。城市中绿色空间成点状分布,连接度不足;郊野绿色空间成面状分布,与城市较为隔离,缺少景观廊道的串联。例如在高淳区东部片区的大量山体景观,如游子山森林公园、花山片区等山林地域与高淳中部城区之间没有较强的景观廊道连接,使得绿色空间虽然面积广泛、资源丰富但却得不到进一步的开发利用,与城市空间融合程度不够,急需加强东部片区山林地资源和城市空间的融合,推动高淳区域内的绿色景观资源充分发挥其生态环境保护和带动旅游经济发展的作用。

二、风景绿色资源缺乏整合利用

高淳区的绿色资源较为丰富,面状绿色资源富有野趣,量大而且集中;城区内线状绿色资源结构较为简单、缺乏层次,开发利用不足,主要体现在河道以及道路两侧植物绿化配置过于单一,植物层次不够丰富;点状绿色资源精致、量少而分散,景观破碎化较为严重。

高淳中心城区绿地建设总体较好,且城区内部的主要绿地资源分布在老城区内,其中以濑渚洲公园、宝塔公园、泮池公园为代表的城市公园群在现状绿地中占了较大比例。由于中心城市建设力度较大,城区内公园绿地总体得不到系统性的规划,高淳主城区内的绿地现状较为破碎,无法连接成一个生态环境可持续的"点""线""面"绿色景观相协调的绿色空间生态网络。尤其是老城区的居住区绿地率较低,居住拥挤,绿地匮乏,对城区居民日常活动锻炼带来了很大的不便。

三、各片区各有优势但存在一定问题

高淳区东部"山慢城"丘陵部分植被覆盖率较高,但植物群落结构不完整,绿多彩少,缺少彩叶植物及开花植物,景观效果不足,仅桠溪慢城部分植物季相明显,多彩多色,景观较好;中部"文慢城"规划片区内的城市绿化与文化结合度不高,在城区主要干道、城市内部河道等核心区域的绿地缺乏景观特色,景观主题不够突出,植物色彩不够丰富,多以常绿树种为主,彩叶树种少,整个城区景观较为单一,且植被种植密度较大,垂直结构较弱,立面层次不够丰富;西部"水慢城"的主要植物以小乔木、灌草为主,水生植物丰富,整体景观环境较为开阔舒朗,展现出与圩田结合的乡野景观氛围,但圩田养殖等产业对自然植被的破坏较大。

3.3.3　规划原则

一、资源整合原则

江苏省委十三届八次全会提出《中共江苏省委江苏省人民政府关于深入推进美丽江苏建设的意见》,其中强调"全面推进美丽田园乡村建设,彰显地域文化特色"。因此,在高淳区"花慢城"总体规划过程中,需要将整个规划区域作为一个互相联系的整体进行资源整合,建立不同片区之间的联系,串联全区山水资源,联系优越的山水生态格局和城市空间格局,城乡融合,打造高淳"水-山-城"融为一体的特色发展格局;同时,在规划自然资源的同时也要注重城市文脉的传承,强调地域文化传承和特色品牌的打造,提高高淳居民的地域归属感,彰显圩田文化和慢城文化的特色。

二、适地适树原则

南京市高淳区委提出,面对"着力建设花慢城,彰显如诗如画的'生态美'"这一总体规划目标,为了深入贯彻落实好省委这一重大战略任务,依托林业第二次调研数据和乡土树种研究,为不同风格、功能、特色的景观规划选择特色树种、基调树种和主题树种,打造"一户一处景、一村一幅画、一镇一天地、一城一风光"的高淳全域绿色空间;全面落实 300 m 见园,600 m 见绿的绿色福利目标,增进高淳区内绿地分布的均衡性和可达性;增绿添彩,用彩叶花卉景观彰显高淳生态、宜居,提升景观特色,提高人民幸福感,将高淳打造成真正的花慢城(图 3-11)。

三、因地制宜原则

高淳区的规划面积范围广阔,区域内的不同部分有着其独特的地域文化特色和景观特点,为了打造区域内具有特色的景观片区,在高淳区内按景观要素分类指导,建设最浪漫的风景山林带、最乡愁的农耕田园带、最具吸引力的城边明珠、最生态的城市廊道、多样的体验公园;按照中心城区和外围区镇进行分区,提出相应的实施建设意见和近远期规划策略。将高淳区构筑为"南北田园、中部都市、拥江发展、城乡融合"的空间发展格局。

四、生态优先原则

深入贯彻落实党的十九大精神,要求我们在思想上更加重视生态文明建设,在实践中更好推进生态文明建设。总结创建经验,高淳区把规划管控放在首位,"一张蓝图"抓到底,一任接着一任干。按照"点上开发、面上保护"要求,把全域划分为"70%生态涵养区、30%生态经济区",先后编制了《南京市高淳区生态文明建设规划(修编)(2018—2020 年)》《生态保护引领区建设方案》等 10 多个中长期规划,以及固城湖生态环境保护总体规划、固城湖退圩还湖专项规划等 30 多个专项性规划,有效控制"水陆空"开发强度、区镇村开发边界,区镇(街)两级生态文明规划实现全覆盖。国土空间规划是国家空间发展的指南、可持续发展的空间蓝图,是各类开发保护建设活动的基本依据。高淳区坚持生态优先原则,落实最严格的生态环境保护制度、耕地保护制度和节约用地制度,将高淳打造成为生态环境优美、景观资源丰富的生态文明建设示范区[8]。

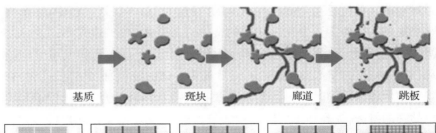

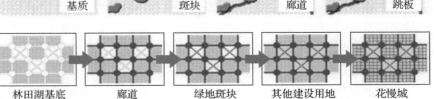

图 3-11 生态原理下构建高淳区"绿色生态网络"

图片来源:作者自绘

基质   斑块   廊道   跳板

林田湖基底   廊道   绿地斑块   其他建设用地   花慢城

3.3.4 规划目标——"水畔绿荫花慢城，淳美田园醉人心"

高淳区需紧扣"东部慢城，西部水乡"的城市特色，总体规划目标为打造山水相映、林田野趣、花香蟹肥、悠然自得的"花慢城"，将西部片区的水体资源，如固城湖、石臼湖、龙墩湖、胥河、横溪河，以及特色圩田景观与中部城区部分的文化历史遗迹、东部自然山林风光相结合，使高淳区成为"特色山水绿相依，闻花识慢城""水畔绿荫花慢城，淳美田园醉人心"的特色城区。

3.4 优秀案例分析与技术路线指导

3.4.1 浙江美丽大花园建设

一、案例背景

浙江省为贯彻落实习近平生态文明思想理念，贯彻省委十四届七次全会精神，开展绿色城市建设潮流，以大花园建设为载体，以深化"两山"转化改革为动力，加快建设全域美丽富裕大花园示范区，把浙江建设成为展示人与自然和谐共生、生态文明高度发达的重要窗口。

近年来，浙江全面实施大花园建设行动计划，集中力量打造一批"耀眼明珠"，在践行"两山"理念上走在前列，全省大花园建设以重大改革、重大政策、重大平台、重大项目、重大活动为抓手，明确目标任务、强化部门与地方协同，创建大花园示范县 30 个，进一步打造"诗画浙江"大花园，深入推进一批重大改革。浙江省美丽大花园建设中所实施的相关理念和措施非常具有典型性与代表性，可以为高淳区"花慢城"规划提供丰富的经验与借鉴。

二、建设特色

（一）实施全域旅游推进行动，构建全域旅游空间格局

浙江省有着丰富的旅游资源，风景优美。经过调查研究，决定以"四条诗路"为重点，先行启动建设浙东唐诗之路、大运河文化带等工程，加快推进一批千万级核心景区建设，串珠成链打造 100 条精品旅游线路；重点谋划推进浙西南生态旅游带、佛道名山旅游带、海湾海岛旅游带、红色旅游文化带等黄金旅游带建设。积极推进 5A 级景区、国家级旅游度假区等国家级旅游品牌创建；全面启动嵊泗、岱山、定海、普陀、花岙、蛇蟠、东矶、大陈、大鹿、洞头十大海岛公园创建，举办十大海岛公园建设推进会，建立全省海岛公园联盟；打造十大名山公园，完成钱江源国家公园试点建设工作，持续推进丽水国家公园创建，实施 41 个重点项目建设，实现浙江

省绿色空间建设。

（二）推进大花园核心区建设，提升人居生活环境

浙江省的"美丽大花园"建设以大花园核心区和示范县为重点，衢州、丽水作为全省大花园建设的核心区，是大花园建设的重中之重。在2020年的建设过程中每市新增示范县创建单位4个、达到验收标准示范县1～2个；实质性启动建设"两山银行"2～3家；衢州将全线建成投用"衢州有礼"诗画风光带省级绿道，形成贯通六个县（市、区）的省级绿道主干网；丽水将加快大花园瓯江绿道建设，全面完成三年建成2617 km瓯江绿道计划，让绿色成为浙江大花园建设的普遍形态。在政府部门的支持下，丽水、衢州各地在全域增绿，为实现浙江美丽大花园建设打下坚实的基础。

（三）实施最美生态保护行动，加强生态环境修复

"生态本身就是经济，保护生态就是发展生产力。"为改善城市生态环境，加强生态环境治理，浙江省持续推进深耕体制机制改革，以丽水生态产品价值实现机制国家试点为牵引，协同推进安吉县域践行"两山"理念综合改革创新试验区和淳安特别生态功能区建设，以点带面，打通"两山"转化新通道。良好的生态环境，是最普惠的民生福祉。

余杭区作为浙江省美丽乡村示范县、新时代美丽城镇优秀县，为进一步展现生态环境之美，以示范创建为抓手，积极争创国家生态文明建设示范区和"无废城市"，建设全域美丽大花园。以环境质量提升为抓手，开展蓝天、碧水、净土、清废等行动，持续改善生态环境质量。并且以改革创新为抓手，有序推进环境治理体系和治理能力现代化，推进碳达峰碳中和工作，加快绿色低碳发展方式转型，积极拓宽"绿水青山就是金山银山"转化通道，在生态环境治理中谱新篇，共筑全域美丽大花园[9]。

在环境治理保护的同时，余杭区也不断进行产业调整，在2019年，建成全市（除主城区外）首个工业无燃煤区（县、市）。

三、"浙江省美丽大花园"建设借鉴思路

（一）保护原有山水林田湖草，记住乡愁

浙江省在美丽大花园建设过程中，坚持可持续发展的思路，结合绿色生态产业项目及全域旅游推动自然资本和乡村景观增值。郊野公园是浙江大花园建设的重要载体，浙江省在城市与郊区的绿色生态构造协调上，将郊野公园、村落价值资源系统及其利用等加以综合考虑，城市与郊区共同建设，实现全域绿色，营建公园城市。高淳区可以借鉴浙江省城乡一体化发展思路，尊重高淳现有的"两湖夹一城，林田拥两边"的生态格局，加强城市建设与自然景观有机结合，在保护现有格局基础上优化内部结构，让居民望得见山、看得见水，记得住乡愁。这对于高淳区"花慢城"总体构

建思路有着非常重要的借鉴意义,在城市内发展优化绿地结构的同时,也不能忽视郊区的绿色网络构建,实现城乡一体化发展。

（二）搭建花园长廊,构建绿色城市

浙江省坚持人与自然和谐共生的规划理念,以保护为先、美丽为基、文化为源。在浙江省新时代高质量发展的目标下,将"大花园"建设放在了核心位置,浙江省以全网络、强带动、提特色、善治理、优绿廊为特色,建设进一步服务人民的绿道,进一步转化两山的绿道,进一步追求品质的绿道,进一步体现智慧的绿道,进一步强调生态的绿道。浙江省自2012年开展绿道建设以来,紧紧围绕"万里绿道网"目标要求,真抓实干、持续推进,已基本形成省域绿道成线、成景、成网的空间格局。至目前,全省已建成各类绿道1.5万km,评选出了50条浙江最美绿道,打响了浙江绿道品牌[10]。

借鉴浙江省构建"万里绿道"的方法,非常有助于高淳区将西部水乡、中部文慢城、东部山林区域连接为一个有机的整体,让各个区域发挥各自特色,在城区内形成一条绿色廊道,成为富有地域特色的绿色空间网络。保持花园长廊的连通性,保证长廊贯穿始终,在高淳区的道路、河流两侧可利用生态天桥建设绿色空间,可利用建筑物进行立体绿化和屋顶绿化联通。

（三）文旅融合,推动全域旅游高质量发展

浙江省文化和旅游厅发布《全域旅游高质量发展行动2020年工作方案》,为全域旅游高质量发展排定"时间表"。浙江省坚持"原生态是旅游的资本,发展旅游不能牺牲生态环境",为推动全域旅游资源发展,还发布了《浙江省诗路文化带发展规划》,全面启动诗路文化带建设。"四条诗路"以自然资源为骨、以文化为魂,串联起全域旅游、文旅融合的格局。在系统工程的带动下,大力推动具有浙江地域文化特色的旅游品牌,品牌建设推进了旅游业高质量发展[11]。

高淳区中部城区历史文化遗迹丰富,固城遗址、薛城遗址,以及石臼湖等绿色旅游资源种类多样,此外,高淳区特有的民俗活动如六月六日赛龙舟、花台会等也是可以进行开发和传播的特色旅游活动。高淳区在构建全域"花慢城"过程中,可以大力推动特色旅游业发展,文旅结合,实现产业结构多样化,带动地区旅游经济发展。此外,还可以在项目推进、景区培育、人才提升、立体营销、产业融合等方面发力,走出一条绿色发展、和谐发展的文旅融合之路。

3.4.2 美山町北村

一、案例背景

日本京都府南丹市美山町北村,与岐阜县白川乡、福岛县大内宿并称日本三大茅草屋之故里。美山町北村距离京都市约两个小时的路程。小小的村子，仅有 50 户人家。村中民宅多半是江户时代中末期兴建的，其中 38 户仍然使用茅草制作屋顶，即使是后来为了观光而盖的餐厅、商店，也坚持使用茅草屋顶。美山町北村虽然位于京都府，但是并没有铁路经过，交通不便却令它仿佛一个美丽的画卷，这里的茅草屋保存完好，与群山、农田、河流等景观融合得非常和谐，是日本乡村的典型代表。町北村对于传统文化遗迹的保护以及特色水景的改造与完善措施，非常值得学习和仿效，对高淳区"花慢城"规划具有重要借鉴意义。

二、建设特色

（一）历史文化古迹保存完好，打造特色旅游业

美山町仅有 50 户人家，村中民宅多半是江户时代中末期兴建的，其中共有 38 间茅草屋，这些被保存下来大大小小的茅草屋至少都有 150 年至 200 年的历史，其中最古老的建筑为 220 年前建造。在 20 世纪中期，日本文化厅进入美山町进行文化资产调查工作，发现这里的茅草屋保存完整，尤其是北村，于是鼓励居民投入文化资产保存。北村居民具有高度的危机意识，认为如果不把握这个机会，村庄可能真的会从此消失，于是同意被列入"重要聚落保存地区"。1993 年，美山町北村以及周围的森林被确定为"传统建筑的保护区"。

（二）民俗文化活动丰富，发扬特色民俗

美山町有两个最受到游客注目的活动：一个是防火演习，另外一个是雪灯廊。防火演习是这个村落里最有名的节日，每年两次的"消防演习日"会有很多游客慕名而来，每次的演习可以吸引上万人参观。防火演习给当地带来大量的旅游人群，也给当地的村民带来了可观的收入。

此外，町北村每年冬天还会举办雪灯廊和烟火活动，这是一个集合了雪景、美山茅草屋点灯、灯光秀、烟火大会等丰富文化的活动。烟火大会只在雪灯廊祭的第一天（1 月 27 日）及最后一天（2 月 3 日）举行。此外，第一天及最后一天在美山町东边的知井八幡神社也会有"奉灯之舞"仪式，游客在这里可以看到传统日本舞蹈，也是深入了解日本文化的一项体验。游客在体验传统民俗的同时为町北村旅游文化产业发展也带来了动力，促进了乡村旅游业的发展，同时也使得这些特色民俗得到了保留与传承发扬[12]。

（三）保留特色乡村景观，乡土趣味浓厚

美山町北村为了保留当地淳朴的农村景观，在村落植物群落搭配和种植中，大量选取乡土树种和珍贵彩色树种对现有山林进行林相改造，营造出一种自然野趣的乡间植物景观氛围；此外，在村落水域景观改造过程中，也尽量采取自然生态的造景手法，如尽量减少垂直驳岸的设置，减少

硬质景观对自然水景造成破坏,增加亲水平台、进水埠头,采用古法修复体现"乡村乡愁"景观;对于现有农田,保持农田原真性,使用当地碎石、块石、老石板等乡土材料铺设机耕路、田埂路;为了营造浓厚的乡土意蕴,在乡间打造村口、宗祠等重要节点,并且对乡村主干道和支路交叉口等视觉焦点进行篱笆等微景观营造。这样一系列的乡土自然景观改造对于村庄原始形态的保护是非常重要的,促进了町北村乡村景观的展现与保持。

(四)美山町北村建设借鉴思路——保护传统文化遗产,留存乡村记忆

美山町别村作为具有特色文化历史的古村落,在保护传统文化资源、发展特色旅游产业上有着自己独特的策略。高淳区中部主城区历史文化古迹丰富,薛城遗址、固城遗址等历史遗迹特色鲜明,但是目前还缺乏开发,需要加大宣传,从而带动特色旅游业发展;高淳区东部片区的绿色资源丰富,但是多以常绿乔木林为主,要想形成特色观赏景观,还需要选取高淳乡土树种进行林相改造,核心片区利用珍贵彩色树种优化景观空间。同时,针对西部"水慢城"片区,可以效仿美山町北村的水域景观改造措施,结合高淳水乡特有的临水空间,利用古法修复水乡的滨水空间。为保留乡村特色乡土景观,还可以利用当地特有的天然石材,铺设田间小路,增添自然野趣,对于区域内重要景观节点、活动空间及路口、村口等重要场地可以利用乡村自然材料及手工艺,打造微景观,营造高淳区特色乡村景观氛围。

3.4.3 安吉"美丽大花园"建设

一、项目背景

安吉是全国首个生态县,是"两山"理念的诞生地、美丽乡村的发源地、绿色发展的先行地。自 2008 年起,安吉创新开展了"中国美丽乡村"创建工程,历经 10 年,实现了全覆盖,其编写的《美丽乡村建设指南》更是成了国家标准。可以说,正是多年来对于美丽乡村建设的深耕,奠定了安吉大花园典型示范建设的先发优势。大花园建设,就是要进一步发挥生态优势,探索全域绿色发展之路。美丽是大花园的最基本要求。大花园要求将生态环境资源纳入经济系统和美丽城乡建设中,实现环境收益与经济收益同步增长,形成全域大美格局。

二、建设特色

(一)改善全域生态环境,铺就绿色生态底色

守住绿水青山是前提,转化绿水青山是关键。绿色产业是打开"两山"转化通道的金钥匙,也是大花园建设的核心。2016 年就被环境保护部列为"两山"理论实践试点县的安吉,深谙"生态经济化,经济生态化"的绿色发展路径,为实现绿色崛起书写了一页页灿然新篇。

安吉以"两山银行"探索生态产品交易机制、健全生态产品品牌体系、强化生态产品质量监管,实现对全县生态资源的高水平保护和高质量经营。"两山银行"有力推动全县美丽河湖、美丽乡村、美丽园区等美丽载体的建设,有效提升全县环境保护和生态资源利用化水平。2019 年,安吉县空气质量优良率达到 86％以上,$PM_{2.5}$浓度控制在 36 以下,地表水、饮用水、出境水达标率为 100％,森林覆盖率、林木绿化率保持在 70％以上,成功获评全国森林康养基地试点建设单位。各项生态环境指标排名位列全省前列。

（二）富集绿色制度创新,实现共建共享

安吉持续创新绿色发展机制,致力于构建"政府有为、市场有效、企业有利、百姓有益"的大花园建设制度体系,探索建立生态产品价值实现机制,亮点纷呈。譬如,创新建立"8＋X"部门联席休闲项目预评估机制,实现旅游招商向选商转变,科学合理开发生态旅游资源。又如探索生态竹业发展模式,通过改革竹林经营体制,即首创竹林股份合作经营模式,实现由分散低效变集约规模高效经营转变。再比如,推进宅基地所有权、资格权、使用权"三权分置",创新宅基地退出机制,有效盘活农村存量建设用地。鼓励村集体对闲置资产、农房和村民退出的宅基地进行收储及统一开发利用,村集体可以采取合作、合资、合股的方式与社会资本共同开发……破立之间,不断释放绿色发展新活力,让城乡同频共振,成为创新创业的热土[13]。

三、安吉"美丽大花园"建设借鉴思路

（一）推动乡村景观发展,建设美丽乡村

作为美丽乡村发源地,安吉建立了一套美丽乡村标准体系,探索出了一条美丽乡村发展标准升级、不断提升乡村产业品质的发展路径。以安吉为样板的《美丽乡村建设规范》成为全国首个地方标准,使得安吉成为全国首个美丽乡村标准化创建示范县。高淳区可以借鉴安吉美丽乡村建设思路,实施三村联创、四村共建发展模式,用美丽乡村串点成线,点有特色,线成风景,面展风光,推动高淳区绿色生态网络构建。此外,高淳区也可以走好绿水青山"养护"之路、"转化"之路、"共享"之路,推动实现生产、生活、生态的三"生"融合。

（二）连接绿色网络,丰富绿色旅游资源

高淳区的绿色资源丰富,区域内生态环境优良,可通过发展特色生态旅游,实现生态立县,生态经济化,经济生态化。可以参考安吉"生态经济化,经济生态化"的绿色发展路径,通过绿色产业带动当地经济发展。

高淳区特色绿色资源丰富,如水慢城片区的特色圩田景观、中部片区的历史遗址等。此外,对于东部的山林资源,高淳区可以通过保持森林生态稳定性和景观的整体性,采用大集中、小分散的平面结构布局,使得大面积的景观彩色森林效果突出;通过营造以乔木为主的树种多元、层次多样、多彩多变的复合型植物群落,结合彩色树种,丰富季相变化,加强高淳区山林资源的观赏价值和景观丰富度,从而实现高淳区全域绿色生态网络构建,推动当地特色绿色旅游产业发展,提高居民的经济收入水平。

3.5 技术路线

技术图线如图 3-12 所示。

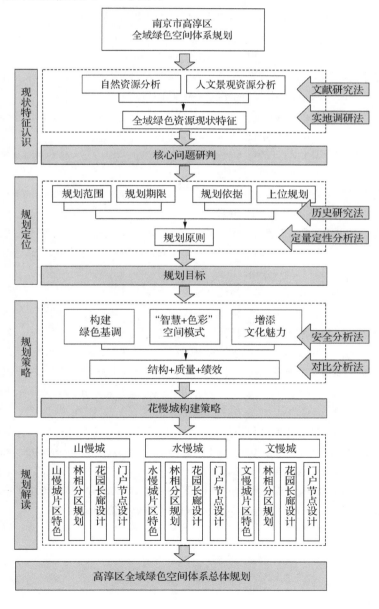

图 3-12 技术路线
图片来源:作者自绘

本章参考文献

［1］常芜铁路浮出水面？高淳国土空间规划近期实施方案来了［EB/OL］.（2020-4-12）［2021-9-30］. https://mp. weixin. qq. com/s/ARL4puomAeTJG77D g6GVCw.

［2］江苏游子山国家森林公园：江苏景点［EB/OL］.（2020-3-12）［2021-9-30］. https://mp. weixin. qq. com/s/YbUWfeGrRQY_XWpa3V1GZA.

［3］南京高淳国际慢城：江苏景点［EB/OL］.（2008-5-12）［2021-9-30］. https://mp. weixin. qq. com/s/8rW4alc0MCKSS6ADn09kvg.

［4］南京高淳国际慢城：南京景点［EB/OL］.（2017-3-23）［2021-9-30］. https://mp. weixin. qq. com/s/_47QqqYIjOXxuygMoWjvRg.

［5］高淳薛城花台会［EB/OL］.（2012-3-23）［2021-9-30］. http://m. richinfer. net/produce4/gaochunxuechenghuataihui. html.

［6］高淳民歌［EB/OL］.（2016-5-12）［2021-9-30］. http://www. njgc. gov. cn/gjmc/rwts/202009/t20200917_2409446. html.

［7］高淳民俗文化［EB/OL］.（2016-4-27）［2021-9-30］. http://m. richinfer. net/produce/ms/index1071_list. html.

［8］高淳区成功创建国家生态文明建设示范区_高淳区人民政府_高淳区人民政府［EB/OL］.（2018-4-26）［2021-9-30］. http://www. njgc. gov. cn/gcqrmzf/201812/t20181225_1347452. html.

［9］生态环境"多元共治"，建设余杭全域美丽大花园［EB/OL］.（2014-4-7）［2021-9-30］. https://mp. weixin. qq. com/s/Lep6eCKo_LI0swMJxEJWAA.

［10］聚智凝力 浙江省大花园建设研讨会在杭举行［EB/OL］.（2020-7-24）［2021-9-30］. https://zj. zjol. com. cn/news. html？id=1576053&ismobilephone=2.

［11］建好"诗画浙江."打造美丽大花园 浙江推动全域旅游高质量发展［EB/OL］.（2018-5-8）［2021-09-30］. https://mp. weixin. qq. com/s/FSOltHCkaa7ahCs4aTOog.

［12］38间破茅草房竟成网红村，每年吸引7000万游客，看这个乡村如何实现振兴［EB/OL］.（2019-04-09）［2021-9-30］. https://mp. weixin. qq. com/s/Q1FG553EZmhYEGRt5_rMuQ.

［13］安吉：高质量打造全省"大花园"示范园［EB/OL］.（2020-9-20）［2021-09-30］. https://mp. weixin. qq. com/s/x9SvyrHM40qNvVOIGPX9Gg.

4　总体规划结构布局

4.1　"一心三片四廊多点"的总体布局

　　根据高淳区现有的景观基础、整体绿色空间分布的特点、现片区主题品牌等概况,及高淳区现状及现有高淳区规划文件,将本次高淳区的总体规划呈现为"一心三片四廊多点"的总体布局。"一心"是指固城湖;"三片"指的是将高淳划分为三个区,即山慢城、水慢城、文慢城;"四廊"是一廊一风光,即田园风光廊、城市景观廊、生态休闲廊和山林风光廊;"多点"指的是在各片区主要交通要道及片区特色地点设置门户节点。

　　高淳区总体布局依据如表4-1,表4-2所示。

表 4-1　高淳区规划依据 1

序号	规划依据	指导内容
1	《高淳国土空间工作汇报汇总》	"一城两湖两翼"的总体空间结构、"东山西圩,两湖夹城"的特色格局及植物现状
2	《高淳区全域山水林田湖草系统保护与整治规划》	保护整治水环境,提升农田质量,推进乡村休闲度假旅游,构建东部区域旅游新格局
3	《高淳绿地系统规划初步方案》	打造一心、一环、六射的结构,形成三级绿网体系,建立景观慢性网络,丰富林相变化
4	《高淳区全域旅游总体策划》	构建"三区"共建、"一环"统筹、"一带"串联的发展布局,构筑高淳全域旅游新格局
5	《桠溪国际慢城国土空间规划及核心区控制性规划(2019—2036年)》	空间上划分为生态空间、农业空间和城镇空间,规划形成八种慢城景观风貌区

表格来源:作者自绘

表 4-2　高淳区规划依据 2

国家级	江苏省级	南京市级	高淳区级
《中华人民共和国城乡规划法》(2008)、《中华人民共和国环境保护法》(2014)、《城市绿地规划建设指标的规定》《中华人民共和国自然保护区条例》(2017)、《城市湿地公园管理办法》(建城〔2017〕222号)、《国家级公益林管理办法》(林资发〔2017〕34号)、《国家重点生态功能保护区规划纲要》(环发〔2007〕165号)	《江苏省域空间特色研究》(2016)、《江苏省城市规划管理技术规定》《省政府关于印发江苏省国家级生态保护红线规划的通知》(苏政发〔2018〕74号)、《省住房城乡建设厅关于印发〈江苏省城市园林绿化"十三五"规划〉的通知》(苏建园〔2016〕531号)	《南京市城市总体规划》(2018—2035年)《南京市绿地系统规划》《南京市城市空间特色规划》《市政发关于印发〈南京市生态河湖行动计划(2018—2020年)〉的通知》(宁政发〔2018〕51号)、《南京市行道树树种规划》(2014—2026年)	《南京市高淳区城乡总体规划修编(2013—2030)》《南京市高淳区综合交通规划(2016—2030)》《南京市高淳区生态文明建设规划(修编)(2018—2020年)》《南京市高淳区慢行交通系统规划(2018—2030)》《高淳老城区(NJGCb040)控制性详细规划》《高淳经济开发区(NJGCb050和060单元)控制性详细规划》《南京市高淳区城北科技新城控制性详细规划》《高淳生态保护与建设示范区实施方案》(2014)

表格来源:作者自绘

　　在本次总体规划当中,根据高淳区现状及现有高淳区规划文件进行对高淳区的规划改造,通过整合高淳区域内人文、自然资源,突出特色景观风貌,来打造全域绿道,提升高淳区整体绿化品质,建设有独特文化内涵的田园高淳。

　　首先,是将当地生态和景观资源建立联系。高淳现有整体绿色空间与城市空间割裂,而城市中绿色空间成点状分布,各景观点连接度不足。总体规划通过各项生态资源的整合和调整,将高淳的各项景观串联,形成一片高品质景观风貌区域,其中包括圩田景观风貌、湿地景观风貌、田园景观风貌、精致都市景观风貌、山林景观风貌(图 4-1)。

　　其次,是生态和当地生活的结合。依托高淳现有的公园、绿道、广场等优质生态资源,通过现有的和规划中的生态景观及景观廊道,解决整体绿色空间与城市空间割裂的问题,将景观生态的改造渗透到周边社区,形成开放社区,同时提升片区独特生活品质,让都市生态和生活结合,让慢城生态和生活结合,让圩田生态和生活结合。

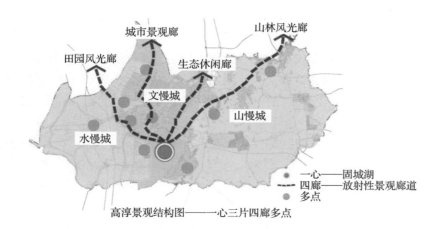

高淳景观结构图——一心三片四廊多点

一心——固城湖
四廊——放射性景观廊道
多点

图 4-1 高淳区景观
结构
图片来源:作者自绘

4.2 总体布局解构特色解读

"一心三片四廊多点"的总体布局中,"一心"指的是固城湖;"三片"指的是将高淳划分为三个区,每个区围绕着一个主题进行规划和发展,山慢城主打慢活记忆的田园生活区,水慢城主打水上慢生活综合度假目的地,文慢城主打市井文化深度体验的"历史文化名城";"四廊"是一廊一风光,即田园风光廊——水韵田园风光,城市景观廊——浪漫精致都市风光,生态休闲廊——最具活力的滨水生态风光,山林风光廊——最淳味、最慢活的山林风光;"多点"指的是在各片区主要交通要道及片区特色地点设置门户节点,突出该片区的人文、景观特色,提升片区形象,串联高淳全域景观。

4.2.1 "一心"

一心,是指固城湖。固城湖及其周边地区是"水慢生活"的核心,力求打造"醉山水"的景观特色。

固城湖作为高淳优质自然资源,西岸紧靠圩田区域,东部紧临花山片区,北岸面向高淳中心城区,地理位置十分优越。以固城湖为中心,发射出多条景观廊道,连接多个自然和人文景观,从而带动周边地区的发展,构成高淳特色景观结构。

基于固城湖周围的湖滨广场、固城湖湿地公园、迎湖桃园旅游度假区及花山风景区,规划设计通过加快环境的美化、设施的完善,旅游休闲、体育项目的引进,景区标准化创建等举措,将固城湖打造成为融合基础服务、休闲旅游、运动体验于一体的城市景观新中心。

4.2.2 "三片"

高淳区拥有着丰富的自然景观资源和人文景观资源。高淳东部以丘陵地貌为主,山林资源丰富;西部以水网圩田为主;南北两湖夹城,形成独特的"水绕淳城,田陵拥入"的格局。而随着地理位置的变化,高淳区东西部的自然景观和人文特色又有一定的变化:西部地区以小乔木、灌草为主,水生植物丰富,整体开阔舒朗,展现出与圩田结合的乡野景观氛围;东部地区丘陵部分植被覆盖率较高,桠溪慢城部分植物季相明显,多彩多色,景观较好;中部地区处于高淳中心,有丰富的人文景观资源,如高淳老街、薛城遗址、国瓷小镇等。

因此,本次高淳区总体规划顺应地势,依据以上三个片区各自的特点,形成了"一心、三片、四廊、多点"中的"三片",即山慢城、文慢城、水慢城(图4-2)。

一、山慢城

山慢城主题定位为慢活记忆的田园生活区。山慢城整体规划定位在东方慢城乐源、世界慢境家园。山慢城总体规划以田园、山乡、村落三大载体,融合原生态、美田园、忆乡愁、慢文化,打造五大项目体系,形成高淳特有的"山慢城"旅游体验空间,打造集田园景观、对外展示与休闲观光为一体的片区景观。

高淳山慢城既有丰富的山林资源,又有纯粹浪漫的田园风光和古朴幽静的老村。在充满魅力的桠溪国际慢城和优良的自然生态环境下,当地植物的纯野自然与良好的生态环境,更能让人们看到乡村慢生活的节奏,感受返璞归真,体验到一种自然、缤纷、野趣的氛围。

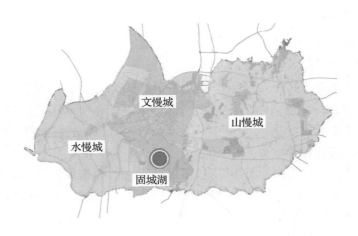

图4-2 "三片"规划布局

图片来源:作者自绘

二、文慢城

文慢城主题定位为市井文化深度体验的"历史文化名城"。总体规划以时光记忆、淳美生活为宗旨,构建滨湖生态与城市休闲相得益彰的"生态休闲绿城"。文慢城一方面以文化为魂,统领文慢城的旅游开发;另一方面,以老街为核心,传承明清历史民俗文化,以薛城遗址为核心,开发远古文化,形成一个"以文会客,以文聚客"的文慢城,营造精致浪漫的城市生活氛围。文慢城总体规划在现有林荫道的基础上,选择搭配种植四季草花加以点缀,以体现文慢城与其他城市不同的浪漫气息,展现中心城区独有的精致浪漫明快。

在文慢城的规划设计中,更加注重城市功能的对接与连通,力求实现城景一体的三维历史人文画卷。规划更注重城市功能的旅游化、本土生活的体验化、公共设施的智能化、文化气质的精神化、城市服务的标准化。

三、水慢城

高淳圩乡文化滨水而生、因水得名、依水而兴、因水而秀、与水共生,由水形成了多元文化的共融,并形成了符合慢生活理念的生活特质。这样的文化与生活方式的融合,也就构成了高淳圩乡独特的"水慢文化","水慢城",便是从中得以诞生。

水慢城主题定位为水上慢生活综合度假目的地。总体规划以水韵高淳、会客江南为宗旨,将区域打造为一个以高淳绵延千年的水文化、圩文化历史为背景,将石臼湖、固城湖、横溪河等高淳水脉联成一个有机整体,带有浓厚江南水韵的宜居空间。在水慢城区域中,在原有植物基础上,种植多种经济作物、水生植物,通过植物舒展的形态、细腻的质感,来呈现高淳区独有的水乡田园情趣。

4.2.3 "四廊"

高淳区的绿色资源丰富,但其整体的绿色空间多分布于郊野,与城市空间割裂;而城市中绿色空间成点状分布,导致高淳区整体绿色资源割裂。本次高淳区规划建设,通过四条景观生态廊道,来解决风景绿色资源缺乏整合利用的问题,用景观廊道的线性空间串联整个区域,组织、整合高淳区的绿色景观,让区域内的绿色资源得到最大限度的利用和开发。

"四廊"为四条花园长廊,分别是:田园风光廊、城市景观廊、生态休闲廊、山林风光廊(图4-3)。

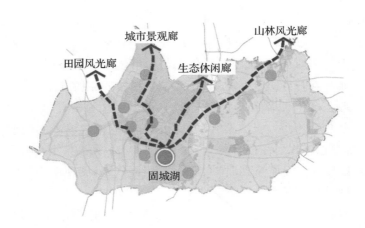

一、田园风光廊

田园风光廊主打水韵田园风光。田园风光廊以固城湖为发射点,沿官溪河发散,官溪河一头连着石臼湖与长江,一头连着固城湖。辐射范围包括砖墙镇、阳江镇、高淳历史老街、薛城古文化旅游区(图 4-4)。

田园风光廊依托西部丰富的水资源及田园资源,规划打造高淳独有的水韵田园风光;同时,田园风光廊将连通圩田景观与老城历史文化街区,打造高淳特有的水乡宜居慢生活,将这条线路建设成为现代农业与传统圩文化展示的最佳窗口。

田园风光廊的自然景观以水杉、中山杉、乌桕为主题植物,主打秋日的植物景观,让人们可以在秋天欣赏到"秋水共长天一色"的浪漫美景。在这一条线路上,还包含了很多自然美景——"龙潭春涨""丹阳秋月""石臼渔歌",更有一处人文景观——"官河夜泊"(图 4-5)。

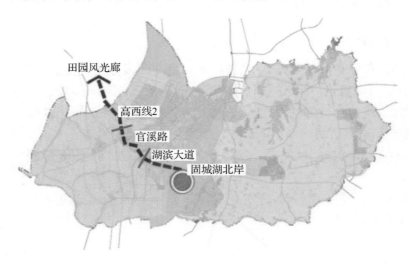

图4-5　高淳田园风光
廊意向图
图片来源：https://dp.
pconline. com. cn/pho-
to/list_5077724. html

二、城市景观廊

城市景观廊，主打浪漫精致都市风光。中心城区历史文化资源丰富，人文景点众多，公园绿地资源丰富，因此，城市景观廊以湖滨广场为起点，主要穿越高淳中心城区，向南沿丹阳湖南路—丹阳湖北路—石固河—固城湖北路—石臼湖南岸，将中心区及周围的各景点串联，形成一条人文历史和自然风光共存的城市景观路线（图4-6）。

在自然景观方面，城市景观廊将增补紫叶李，下层增加石蒜、麦冬、鼠尾草等开花植物，替换部分绿篱，开阔城市中封闭的视线，让人们欣赏到"李花凝露香风里"的春景。这条线路上有高淳老街的特色人文景观"保圣晨钟"，也有"固城烟雨""魁岭苍松""新桥柳浪"等水乡烟雨美景。

城市景观廊作为城区核心景观廊，通过资源整合和景观改造，希望能够再现高淳历史人文景观，体现淳溪水镇文化价值，形成高淳古今一体的城市旅游名片。

图4-6　高淳城市景
观廊
图片来源：作者自绘

三、生态休闲廊

在这条线路上,固城湖及其分支河流众多,成为其一大优势,因此,生态休闲廊主打最具活力的滨水生态风光。生态休闲廊依托固城湖、周边山地等良好的山水资源及绝佳的地理位置,以固城湖北岸为起点,向南沿长城圩河道,穿过芜太公路,继续沿漆桥河与宁宣高速交接。生态休闲廊拥有丰富的水资源,紧靠高淳中心城区,将固城湖景区、固城湖湿地公园、漆桥河等景点串联,带动固城遗址的保护与发展,同时,它也有着独特的意义——带动着高淳旅游由桠溪时代向固城湖时代转变(图 4-7,图 4-8)。

生态休闲廊以苦楝为主题植物,下层种植八仙花、石蒜等开花植物,可欣赏"晓迎秋露一枝新"的夏景。在这条线路上,有"水照赪霞""揽翠玲珑""湖光潋滟落霞收,宝鉴悬空水上浮"的美景。

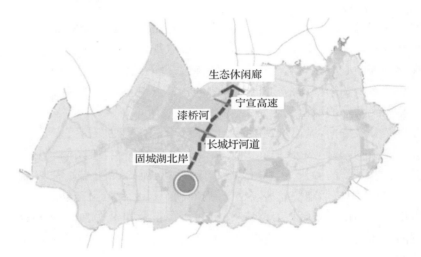

图 4-7 高淳生态休闲廊
图片来源:作者自绘

图 4-8 高淳生态休闲廊意向图
图片来源:https://www.sohu.com/a/399 462717_754495

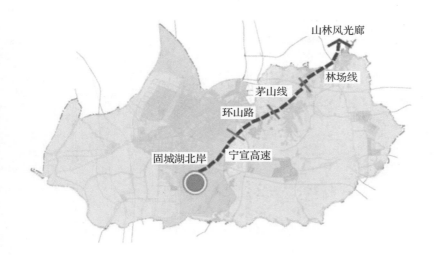

图 4 - 9　高淳山林风光廊
图片来源：作者自绘

四、山林风光廊

山林风光廊以多元化的生态资源为基础，以慢生活主题为线索，打造最淳味、最慢活的山林风光带。以山林资源为亮点，营造浪漫多情的田园生活，打造江南新田园主义生活空间。

山林风光廊以固城湖北岸为起点，沿芜太公路向东，与宁宣高速交接，向北至环山路—双望路—茅山线—老桠路—林场线。它整合现有林地，串联固城湖、花山、游子山、枯竹山、荆山及状元山等资源，意图打造老城与慢城一体的山林风光（图 4 - 9）。

山林风光廊以黄连木为主题植物，增补白牡丹等高淳特有的植物，可欣赏"红叶黄花秋意晚"的秋冬之景。"东坝晴岚""花山樵唱""竹岩积翠"是这条花园长廊上可以欣赏到的美景。

4.2.4　"多点"

本次规划在各片区主要交通要道及片区特色地点设置多个门户节点，突出该片区的人文、景观特色，以提升高淳片区的特色形象，串联高淳全域的自然人文景观（图 4 - 10）。

山慢城片区的景观绿轴串联固城湖、游子山、桠溪慢城，在游子山和桠溪慢城处打造特色门户节点，突出其生态野趣的山林田园风光。

文慢城片区打造精致浪漫的小城氛围，突出其人文历史气息，实现城景一体，在高淳老街、高职园及以宝塔公园为代表的城市公园等处设置门户节点，以历史文化统领文慢城景观发展。

水慢城片区特色水网资源丰富，构成特色圩田水乡景观。其中固城湖是连接圩田水乡、花山片区以及城市风光的重要节点，石臼湖、苍溪老街、花山景区是水慢城片区特色人文景观节点。

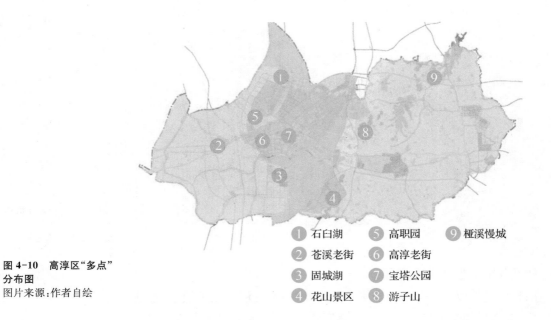

**图 4-10　高淳区"多点"
分布图**
图片来源：作者自绘

5 分区绿色空间规划

5.1 山慢城

5.1.1 片区特质提炼

本次规划设计将山慢城打造为以山寺、密林、茶泉为三大主题的特色片区,通过对高淳区整体自然和人文资源与山慢城片区的自然和人文资源对比,以主要交通要道串联山慢城片区的景观,融合原生态、美人文、忆乡愁、慢文化,突出该片区的人文、景观特色,提升片区形象,打造山慢城所在片区的核心特色,塑造高淳山慢城独特的旅游体验空间。

通过对山慢城片区现有的历史人文和自然资源的融合和利用,充分展现片区的人文特色,将山慢城打造为一个文人笔下的"千古人文智山""孝亲忠义善地";利用原有的优越的地理环境,美丽的自然乡村风光,让山慢城片区变为天然的森林氧吧,体验"慢"生活的田园景观村(图5-1,图5-2)。

一、古刹佛韵系人文

山慢城片区坐拥高淳区大部分的山脉资源,如游子山、三条垄、大花山、小花山、青山等,这也是该片区以"山"命名的原因。

在山慢城这片区域中,分布着众多大大小小的寺庙陵园,其中著名的有真武庙、真如禅寺、游子文化园、烈士陵园等;这些山脉拥有的不仅仅是古色古香、佛韵绵远的古寺,更是孕育了当地很多人文景点,如介子推墓、目连戏等。

山脉绵延形成的文化充分展现着片区的历史人文魅力,让这一片区形成了独有的醇厚气质。

二、参天密林洗浮尘

较文慢城和水慢城片区而言,山慢城拥有着得天独厚的自然资源优势,有山则必有林,因此,山慢城还拥有着丰富的森林资源。高淳区的山林地大多集中在山慢城片区,现状山林地主要包括荆山、枯竹山、游子山、大花山等;而山慢城主要森林资源分布在游子山森林公园、大荆山森林公园,其中还包括花山生态公益林、傅家坛生态公益林和桠溪生态公益林等。

绝佳的自然条件,良好的生物多样性,让山慢城在高淳片区拥有了独特的森林景观,让山慢城变成一个"天然氧吧"。在山慢城不仅可以让人们感受悠长的历史、别具一格的人文风光，更能让人们抛开城市带来的烦闷，用最原始的自然方式洗涤人们的心灵。

三、泉茶悠悠慢乡村

借应山势，山慢城山林绿地中有一部分种植了茶树，随着近年来茶园的不断扩大，形成了一些著名的茶园景点，如青山茶场、淳青茶园等，山慢城逐渐发展出淳厚的茶园文化；与此同时，当地的温泉资源和特色村落也在不断被开发，如甲山温泉、石墙围村、游子山村、青山村。茶园和温泉场的发展，加上自古以来人们对饮茶文化的热爱和对温泉的喜爱，山慢城的茶泉特色逐渐崭露头角。

游子山下品茗，静坐泉里听雪。游客不仅可以在山慢城观蔚然森林，感民俗风貌，更能享"慢"生活。

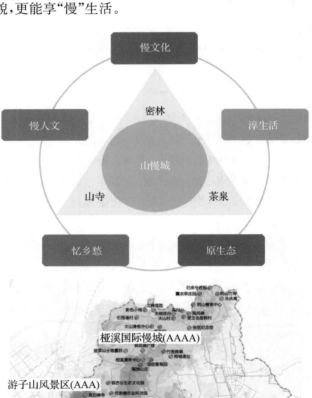

图 5-1　山慢城的特色凝练
图片来源：作者自绘

图 5-2　山慢城人文及自然景点的分布
图片来源：作者自绘

5.1.2 可持续视角下的林相梳理

我国的城市化建设随着我国经济的不断发展而发展,人民的物质以及精神生活都得到了极大的提高[1]。与此同时,城市建设加快了自然资源的消耗,城市生态资源受到了一定程度的破坏。而当下的景观生态系统提供了几乎所有的人类福祉要素,对人类具有非常重要的意义,居民的最基本食物和能源等生计必需品在很大程度上依赖于景观的供给[2],生活条件也受制于景观,因此,唯有可持续性发展景观,才能保证人类更好地生存与发展。

景观的可持续性,指特定景观所具有的、能够长期而稳定地提供景观服务、从而维护和改善本区域人类福祉的综合能力[3]。从可持续性景观关系图中,可以看到景观生态系统和社会系统在循环之中相互影响,景观的组成和结构成为其中的重要一环(图5-3)。

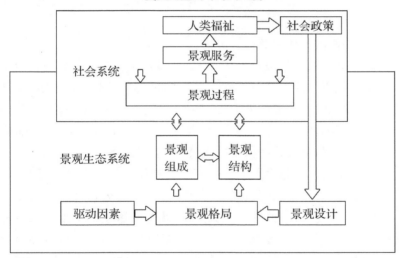

图5-3 可持续性景观关系图
图片来源:赵文武,房学宁.景观可持续性与景观可持续性科学[J].生态学报,2014,34(10):2453—2459.

森林作为景观生态系统的一部分,具有调节气候、防风固沙、涵养水源、保持水土、改良土壤、美化环境和防止污染等多种生态效益,承担着生态建设的重要任务。植物群落是森林的主体要素,其构成的林相问题直接或间接地影响到城市生态环境的可持续性发展。在可持续性发展的视角下,森林作为城市生态系统中具有净化功能的重要组成部分,在提高环境质量、美化城市景观等方面发挥了其他绿地不可替代的功能,其林相的修复问题也就成了重中之重。林业生态修复和建设代表了现代化林业发展和环境保护的方向,也是促进人与自然和谐发展的必然选择。

从国内形势看，林业作为整个国民经济的重要组成部分，党和国家向来对林业问题给予高度重视，尤其关于国家林业工作的"十一五"规划、"十二五"规划将林业摆上了前所未有的战略高度，制定实施了一系列促进造林绿化事业发展的方针政策，切实推进林业改革和生态建设工作[4]。当前江苏省森林资源较为丰富，拥有国家级森林公园 17 个，省级森林公园 39 个，但是从整体状况来看存在着诸多问题，如森林资源受到破坏，森林质量和经营管理水平不高，林业科技创新能力不足等；而在高淳区山慢城片区中，存在着林相单一、林龄老化、林分结构混乱、森林群落稳定性差、林木病虫害严重，以及存在自然灾害隐患等问题，严重影响了森林的生态效益、经济效益及景观效益。在大力推进建设绿色江苏的前提下，加强对森林景观林相更新改造成为迫切需要。

对山慢城林相问题进行分区精细化梳理，能够有效提高当地生态环境，改善当地生态循环系统，实现城市景观的可持续性发展，对于促进人与自然和谐相处、推动社会主义新农村建设、实现林业又快又好发展，具有十分重要的意义。

5.1.2.1　山慢城的林相概况

高淳区现有森林公园总面积为 37.18 km²，主要资源集中在山慢城片区。山慢城所在的东部地区植被覆盖率高，整体地貌东高西低，东部为丘陵山区，现状山林地多集中于此，其中包括游子山森林公园和大荆山森林公园，游子山国家森林公园总面积为 36.78 hm²，森林覆盖率达到 72%；大荆山森林公园总面积 100 多公顷，位于桠溪镇北部，森林资源丰富。高淳生态公益林总面积 5.04 km²，主要包括花山生态公益林、傅家坛生态公益林和桠溪生态公益林。其中，花山生态公益林包括固城镇桥头、花联、蒋山、九龙、前进村和固城湖畔，花山林区主要为水土保持林和水源涵养林；傅家坛生态公益林位于境内东南部，主要功能为森林资源保护和生物多样性保护；桠溪生态公益林包括荆山林场、状元山周边 2 hm²以上的重点水源涵养林（图 5-4，图 5-5）。

从全区森林分布情况看，用材林和生态林的树种主要有杉木、栎类、松木、刺槐、柏类和其他杂阔林等；经济林以茶果桑为主；竹林以毛竹为主。森林资源主要分布在东部丘陵山区，西部圩区土地利用面积有限，造林难度较大（图 5-6，图 5-7）。

图 5-4 荆山林场
图片来源:作者自摄

图 5-5 游子山森林公园
图片来源:作者自摄

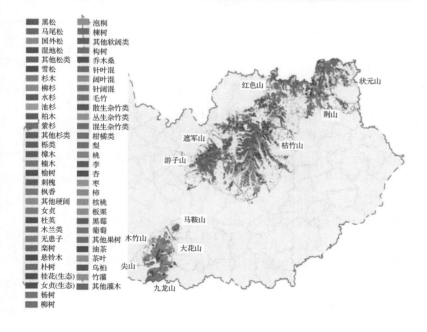

图 5-6 东部地区植物资源分布图
图片来源:作者自绘

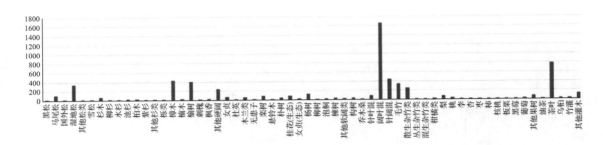

图 5-7　山林绿地优势
树种数量分布
图片来源：作者自绘

　　从高淳全区的森林分布情况看，森林资源主要分布在东部丘陵山区，西部圩区土地利用面积有限，造林难度较大。在山慢城片区中，部分区域林相景观连续性不足，与城区林相景观割裂，没有形成明显的景观廊道；林相结构欠缺合理性，林相调研结果显示山林植被覆盖率较高，上层主要以阔叶纯林和阔叶混交林为主，下层以草灌、草丛为主，公益林多数不具备完整的上中下层群落结构，不利于植物资源多样性保护；林相景观特色不足，缺少彩叶植物及开花植物，季相景观不明显，不吸引游人；部分区域植被遭受破坏，不易恢复，林相景观较差（图 5-8）。

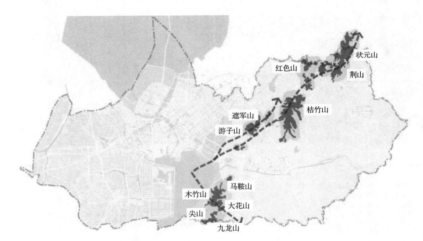

图 5-8　山林绿地示
意图
图片来源：作者自绘

5.1.2.2　山慢城"疏、补、换、管"的林相改造策略

　　针对山慢城片区的林相改造，在尊重自然的基础上，修复原先受到人为破坏的山林，通过增补植被串联起原先破碎化的山林景观，提升山林绿地整体性，形成一条明显的景观廊道，在避让基本农田的基础上，结合现状林地的分布，适度补植补造。

　　山慢城林相改造总则可以概括为四个字——"疏、补、换、管"。

　　"疏"，即疏伐郁闭植物。植物经多年自然演替，密度大，郁闭度高，导致视线封闭，且林相结构混乱，缺乏植物层次变化，应分期梳理，打开景观视线（图 5-9）。

　　"补"，即补充色叶树种与开花植物。高淳山慢城植物绿有余而彩不足,应增加色叶树种和开花植物的数量与种植面积,使季相景观更加明显(图5-10)。

"换",即替换优良植物。高淳山慢城部分植物景观存在不可持续、不产生效益、后期维护费用高的缺点,推荐应用观赏价值高、抗性强、耐粗放管理且具有一定经济价值或药用价值的优良植物,如枇杷、油茶、向日葵、油菜花、菱角、荷花等(图5-11)。

"管",即加强后期维管,形成可持续的植物景观,对于生长过盛的植物及时梳理,对于生长较差的植物进行补植或更换(图5-12)。

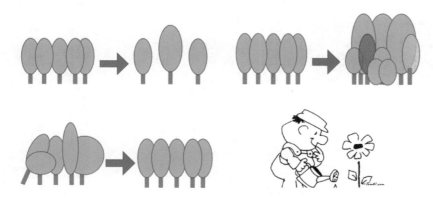

图5-9 原则一:疏伐郁闭植物
图5-10 原则二:补充色叶树种与开花植物
图片来源:作者自绘

图5-11 原则三:替换优良植物
图5-12 原则四:加强管理
图片来源:作者自绘

在山慢城林相改造的植物选择中,应遵循因地制宜、适地适树的原则;以乡土树种为主,外来树种为辅;重视树种比例、季相景观、空间设计、层次设计,构建层次感强、季相变化明显、色彩丰富、四季分明且四季皆有景可赏的风景林。

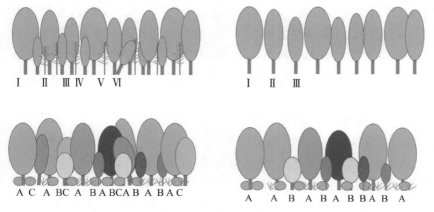

图5-13 纯林(Ⅰ级为优势木;Ⅱ级为亚优势木;Ⅲ级为中等木;Ⅳ级为被压木;Ⅴ级为濒死木)
图5-14 伐除Ⅳ、Ⅴ级林木
图片来源:作者自绘

图5-15 混交林(A级为优良木,即培育木;B级为有益木;C级为有害木)
图5-16 伐除生长过密的有益木和有害木
图片来源:作者自绘

在林相具体改造过程中,对于上层植物,应进行分期梳理或补植,保留Ⅰ、Ⅱ、Ⅲ级树种,伐除被压木和濒死木(图5-13,图5-14),在保护混交林的同时伐除生长过密的有益木和有害木(图5-15,图5-16),此外再增加一定量的秋色叶树种,增添景观多样性;对于中层植物,应适当配置一些具有特色的观花、观叶或观果灌木,丰富中层植物景观;对于下层地被,应在保护原生植物多样性的基础上进行适当清理和改善(图5-17)。

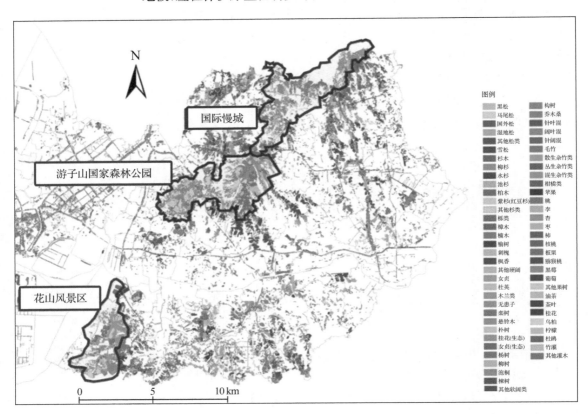

图5-17 山慢城优势树种分布示意图
图片来源:作者自绘

总而言之,山慢城片区的林相改造,用人工促进森林更新和天然更新相结合,以野趣和自然为主题,对东部丘陵区内游子山、花山、大荆山等山体,通过自然恢复、景观营造等方式进行森林资源保护与修复,因地制宜地打造多样化的植物群落和特色化的植物景观,恢复和保护天然植被群落与区域生态功能,让山慢城片区变为天然的森林氧吧,拥有烂"慢"生活的田园景观村。

5.1.2.3 山慢城的分区林相改造

一、花山片区

花山位于高淳区南部、固城湖东南岸,为天目山余脉,由大花山、小花山等组成。主峰大花山海拔139 m,因山上曾生长过名贵的白牡丹花而得名(图5-18)。山慢城花山片区地佳幽静、花多泉盛,充满优雅的古韵禅意,有著名的白牡丹景观,但其生态景观存在着如植物多自然生长,景观较为杂乱,部分植物长势不佳等诸多问题。

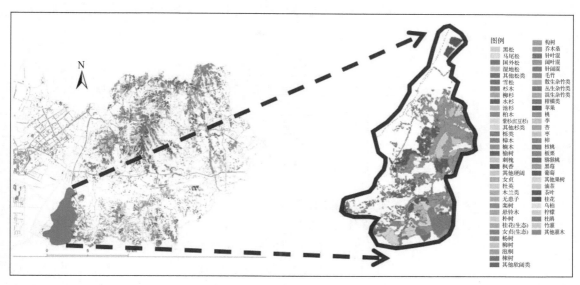

图例

黑松	构树
马尾松	乔木桑
国外松	针叶混
湿地松	阔叶混
其他松类	针阔混
雪松	毛竹
杉木	散生杂竹类
柳杉	丛生杂竹类
水杉	混生杂竹类
池杉	柑橘果
柏木	苹果
紫杉(红豆杉)	桃
其他杉类	李
栎类	杏
樟木	枣
楠木	柿
榆树	核桃
刺槐	板栗
枫香	猕猴桃
其他硬阔	黑莓
女贞	葡萄
杜英	其他果树
木兰类	油茶
无患子	茶叶
栾树	桂花
悬铃木	乌桕
朴树	柠檬
桂花(生态)	杜鹃
女贞(生态)	竹灌
杨树	其他灌木
柳树	
泡桐	
楝树	
其他软阔类	

图 5-18　花山片区优势树种分布图
图片来源:作者自绘

① 玉泉寺　② 双女坟公园　③ 花联山庄
—— 主游线

图 5-19　花山片区旅游路线
图片来源:作者自绘

花山片区位于固城湖畔,是山慢城山林风光廊序列的重要一环,本次林相改造力图聚焦高淳全域美丽花园愿景,推动山水相汇,城景交融,将着重打造花山以白牡丹为主题的植物景观。

花山片区的游览线路穿过整个花山景区主要景点,途经入口公园－玉泉寺－双女坟公园－花联山庄等景观节点以及山湖交汇处。本次林相改造将重点放在玉泉寺、双女坟公园和花联山庄(图 5-19)。

在景区控制范围内对花山片区内玉泉寺的植物景观进行规划,打造富有古韵禅意的特色景观,针对玉泉寺景观杂乱无序的现状,本次改造将以白牡丹为主题植物,适当补充色叶树种丰富季相景观,来突出片区白牡丹的特色,营造花岫停云的景观效果;通过提升陵园植物景观,改变当下植物景观与双女坟缺少联系的现状,烘托出双女坟公园庄严肃穆的氛围;

花联山庄有着良好的生态资源优势，当地植物种类丰富，季相效果显著，本次林相改造通过增加节点处精致化造景，来突出花联山庄的优势，吸引游客观光游览（图 5-20）。

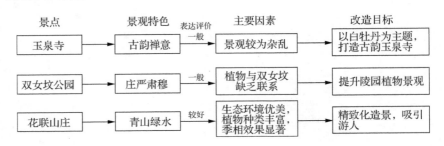

图 5-20 花山片区林相改造目标
图片来源：作者自绘

二、游子山国家森林公园

游子山森林公园位于江苏省长江南岸、南京郊区的高淳区东坝、漆桥、固城三镇境内。游子山风景区主要包括游子山片区和三条垄片区。游子山片区内有大、小游山两座标志性山峰，山清水秀，人杰地灵，人文底蕴十分深厚，被誉为"三教圣地"。三条垄片区集山、水、茶、林于一体，青翠苍郁，美不胜收。游子山风景区森林覆盖率达到 72%，共有蕨类植物和种子植物 148 科 726 种，植物物种较为丰富，但群落结构较为单一，季相景观不明显（图 5-21，图 5-22）。

游子山风景区还承载着游子思归的儒道文化。史书记载，孔子曾登临游子山，见青山绿水，湖光山色，油然而生思归情怀，后人为纪念这位圣人，将此山命名为游子山。游子山成为集儒、佛、道三教于一体的"三教圣地"。

游子山山势起伏，低丘逶迤，名胜古迹颇多，在植物造景中，可通过植物本身的文化意义表达各片区特定的文化主题和游子思归的儒道思想，使游子山成为高淳人民踏青的必经之地。

图 5-21 游子山森林公园优势树种分布图
图片来源：作者自绘

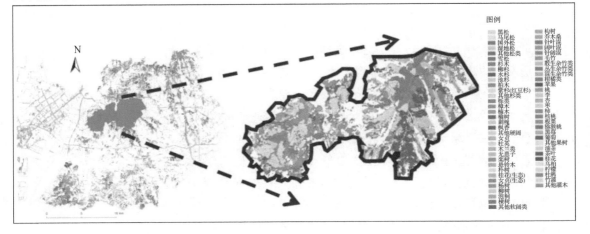

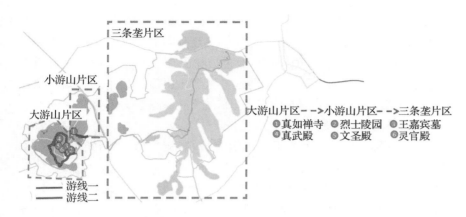

图 5-22 游子山森林公园游线分布图
图片来源:作者自绘

本次改造意图将植物景观与思想文化相融合,注重各片区特定的文化内涵,体现本片区的文化主题和游子思归的儒道思想:一方面通过提升林相景观,更新演替树种(以榉树、黄连木、榆树、朴树、冬青、苦槠和石楠等乡土树种为主),具体打造一些以游子思归为主题的植物图案或园林小品;另一方面考虑到高淳传统习俗"登高晒晦"以及周边人群春游踏青的季节和时间,主要选择冬季和春季开花的观花植物,冬季开花树种以梅花和山茶为主,春季开花树种以樱花、桃、海棠等为主,树种选择时注重其文化寓意,可选择榉树、木兰、朴树、合欢、无患子及红果冬青等,体现"登高望远"和"怀念故乡"之文化主题,整体景观体现一种游子思归的文化底蕴(图 5-23)。

游子山片区的林相改造将分为小游山和大游山两个片区进行。

在小游山片区内,着重打造真如禅寺的植物景观,以宗教文化为主题,配置相适宜的景点植物,来配合当下常绿规则式植物的景观模式,烘托宏伟长青的氛围。

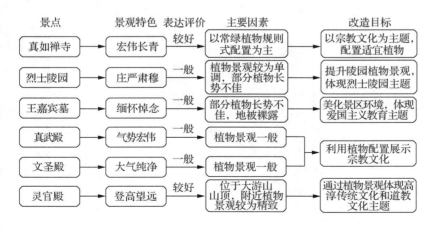

图 5-23 游子山森林公园林相改造目标
图片来源:作者自绘

在大游山片区内,各个景点都存在着植物长势不佳、景观效果不突出的问题。在烈士陵园处,通过提升陵园植物景观,体现烈士陵园文化主题,来调节原先植物景观较为单调、部分植物长势不佳的情况,塑造庄严肃穆之感;在王嘉宾墓,着重美化景区环境,体现爱国主义教育主题,引人深思缅怀先辈;在真武殿和文圣殿两处,通过植物配置展示宗教文化,呈现出寺观的大气、纯净、磅礴的气势;灵官殿位于大游山山顶,原生植物景观精致良好,本次改造将通过植物景观体现高淳传统文化和道教文化主题。

三、桠溪国际慢城

桠溪国际慢城是一处集观光休闲度假、体验参与、休闲娱乐、生态农业为一体的农业旅游景区,景区内风景秀美,三季有花,四季有景,且伴随着应季的时令活动,还有民俗文化、文峰览胜等人文历史景观及一些娱乐项目。桠溪慢城的生态环境良好,但森林资源发展不均衡,随着当地经济的发展,大力开发土地资源造成了当地自然植被比例逐步缩小;部分区域的植物景观绿有余而彩不足,有些植物景观遮挡视线,还有一些景观不可持续,后期维护费用较高。

在这个阶段,根据《桠溪国际慢城国土空间规划及核心区控制性规划(2019—2036年)》,桠溪慢城在空间上划分为生态空间、农业空间和城镇空间,并且规划形成八种慢城景观风貌区。在山慢城的花园廊道规划中,南北向山间廊一线穿过桠溪国际慢城,覆盖了慢城及其往南的农田等区域,而南北向山间廊规划侧重廊道景观的整体性,以千墩山路为规划建设的重点,展开对落果缤纷的金秋长廊的打造,桠溪国际慢城作为片区内一个较为成熟的农业旅游景区、廊道内的一个重要景观片区,其生态景观设计更是重中之重,因此,规划设计针对其旅游路线进行相应的林相改造(图5-24)。

图5-24　桠溪慢城优势树种分布图
图片来源:作者自绘

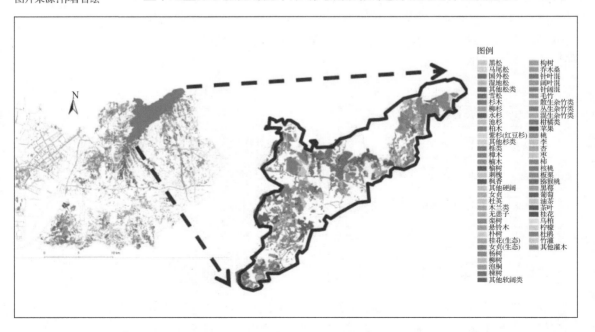

　　桠溪国际慢城有两条游览路线,一条穿过整个桠溪慢城景区主要景点,途经大官塘—桃花扇广场—吕家大草坪—牡丹园—大山民俗村—枫彩园—文峰揽胜等景观节点;一条是生态之旅游线,途经桃花扇广场—枫彩园—文峰揽胜等主要景点(图5-25)。

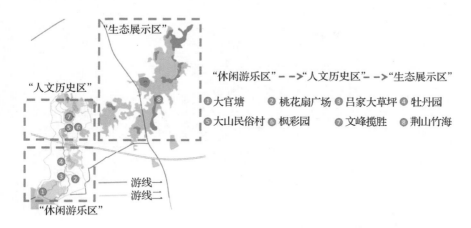

图 5-25　桠溪国际慢城旅游路线
图片来源:作者自绘

　　桠溪慢城整体景观根据人文条件以及植被条件,打造四季特色的植物景观,通过合理搭配不同的主题活动,将游人的旅游活动丰富到桠溪慢城不同的节点和片区。在"杏花微雨,桃李东风"的春季,主要景观在桃花扇广场、牡丹园、金色花海等区域;在"乡野田园,花翻紫浪"的夏季,重点落在大山民俗村、吕家大草坪等景点;在"霜枫红透,层林尽染"的秋季,枫彩园、瑶宕葡萄园等成为季节主景;在"花掩修竹,雪摇青枝"的冬季,荆山竹海、天地戏台等景点展露风光。

　　桠溪慢城的林相改造策略如下:针对"大官塘"当下水生及湿生植物景观不足的问题,采取增补特色水生植物的策略,提升滨水植物景观;"桃花扇广场"打造为以春季景观为主题的小广场,通过种植季节性树木,配合精致点景小品,来解决当下植物景观不精致,色彩不足的问题,打造一个开敞大气的桃花扇广场;"吕家大草坪"场地较大,为规整而开阔的游憩草坪,种植草花点缀边界,配合原有的微地形,打造开阔舒朗、四季常青的草坪景观;当下的"牡丹园"虽然花团锦簇,但缺少其他植物与牡丹相映生辉,在原先的条件下,增加芍药与其间种,打造熠熠生辉的牡丹品种展示园;"大山民俗村"地理位置优越,历史文化深厚,景观自然野趣,根据当下的规划打造可持续的植物景观,让人们享受到自然野趣的乡野田园,感受乡村的静谧美好;"枫彩园"以秋季景观为主题,因广泛种植北美红枫而形成特色景观,根据现有条件,配植其他槭类植物,营造层林尽染的景观效果,林下点缀石蒜等观花地被,丰富植物群落景观;"文峰揽胜"处植物与文峰塔脱节,缺少相应的联系,景点效果一般,改造通过植物景观精致化布景,来烘托文峰塔的古朴宏伟(图5-26)。

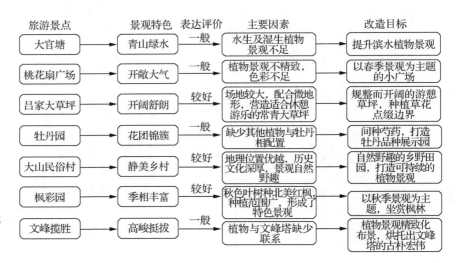

旅游景点	景观特色	表达评价	主要因素	改造目标
大官塘	青山绿水	一般	水生及湿生植物景观不足	提升滨水植物景观
桃花扇广场	开敞大气	一般	植物景观不精致,色彩不足	以春季景观为主题的小广场
吕家大草坪	开阔舒朗	较好	场地较大,配合微地形,营造适合休憩游乐的常青大草坪	规整而开阔的游憩草坪,种植草花点缀边界
牡丹园	花团锦簇	一般	缺少其他植物与牡丹相配置	间种芍药,打造牡丹品种展示园
大山民俗村	静美乡村	较好	地理位置优越,历史文化深厚,景观自然野趣	自然野趣的乡野田园,打造可持续的植物景观
枫彩园	季相丰富	较好	秋色叶树种北美红枫,种植范围广,形成了特色景观	以秋季景观为主题,坐赏枫林
文峰揽胜	高峻挺拔	一般	植物与文峰塔缺少联系	植物景观精致化布景,烘托出文峰塔的古朴宏伟

图5-26 桠溪国际慢城节点林相改造目标
图片来源:作者自绘

5.1.3 花园长廊规划

5.1.3.1 廊道概况

一、长廊分类

(一)山林风光廊

山林风光廊与整体山脉走向相吻合,以极富山林气息的针叶树种和竹类点缀出苍翠的氛围,增加中下层开花植物,打造怡人自得的冬雪长廊。

(二)山水间休闲廊

山水间休闲廊道沿漆桥河和固城湖的东岸线延伸,以富有夏季浪漫气质的合欢和紫薇为廊道主要景观,结合滨水植物芦苇和乡野植物八仙花,打造风光旖旎的春夏长廊。

(三)山间胥河绿色廊

山间胥河绿色廊道沿胥河延伸,晴天碧水,以富有乡野气质的混播菊科草花点缀路缘,打造浪漫缤纷的春夏滨水花园廊道。

(四)东西向山间廊

东西向山间廊沿着301县级道路,串联游子山和大荆山等,以富有秋季特色的秋色叶树种点缀廊道,打造层林尽染、秋意盎然的廊道。

(五)南北向山间廊

南北向山间廊沿着千墩山路,串联起慢城及其往南的农田等,以富有乡野情趣的果实树种为主要观赏树种,极富金秋特征,打造落果缤纷的金秋长廊。

二、廊道景观现状问题及应对策略

(一)廊道景观相似

山慢城虽然拥有丰富的自然资源,但从整体上看,其廊道现有景观相似,缺乏特色,山林风光廊、山间胥河绿色廊等都存在泥土裸露、景观重复度高的情况。

规划建设通过整体打造廊道特色季节景观、增植覆盖裸土、规划廊道主题植物等措施解决山慢城廊道景观相似的问题。

（二）植物层次单一

山慢城廊道拥有众多森林资源,但据调研可知,虽然当下廊道森林树种丰富,但实地景观效果不突出,植物层次较为单薄,如山林风光廊路段,上层乔木空间丰满,但缺少中下层植物,即灌木和地被植物的组合。

规划设计通过疏除生长欠佳的植物、增添本土和特色植物,对廊道景观进行梳理和丰富,完善植物立体结构,促进山慢城生态平衡。

5.1.3.2　廊道总体规划

一、规划原则

山慢城片区规划设计应充分了解并利用当下的自然资源、人文资源,根据山慢城各个片区的地理优势、民俗风貌的情况,选取景观价值大的路段,选择季节性主题观花、观叶植物,打造四时之景。植物选择因地制宜、适地适树,以乡土树种为主,外来树种为辅,重视树种比例、季相景观、空间设计、层次设计,构建层次感强、季相变化明显、色彩丰富、四季分明且四季皆有景可赏的风景林。

（一）选址定位

本次规划根据高淳区整体"一环、三核、四廊、多脉络"的绿道布局结构,高淳区绿道规划中自然生态型绿道的定位,"一湖两横三纵"的生态廊道特征,通过整合周边自然人文资源、沿城市河流和生态廊道布局,建设5条山慢城花园长廊——山林风光廊、山水间休闲廊（生态休闲廊）、山间胥河绿色廊（胥河绿道）、东西向山间廊（X301路段）、南北向山间廊（千墩山路）（图5-27）。

（1）山林风光廊

廊道呈西南至东北走向,整体与片区内山体走向相吻合,途经花山、游子山、遮军山、枯竹山、红色山、荆山、状元山等区域。

（2）山水间休闲廊

廊道走向为南北方向,廊道整体沿着山慢城片区的山脚、漆桥河和固城湖东岸的地貌自然形成,同时,廊道串联起游子山片区等资源。山水间休闲廊也是山慢城和文慢城的接壤处,是将两个片区相连接的重要花园长廊。

（3）山间胥河绿色廊

廊道走向为东西方向,主要串联了大花山片区等资源。山间胥河绿色廊是沿着胥河的生态廊道所形成的花园长廊。

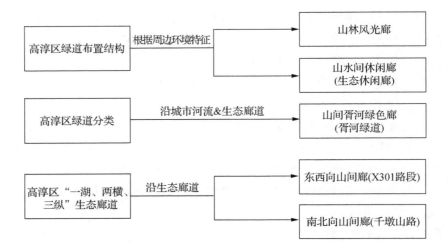

图 5-27 山慢城花园长
廊解析图
图片来源：作者自绘

（4）东西向山间廊

廊道走向为东西方向，串联游子山、大荆山等。东西向山间廊是沿山慢城片区主要生态廊道所形成的花园长廊。

（5）南北向山间廊

廊道走向为南北方向，主要涵盖了桠溪慢城片区的自然人文资源和胥河资源等。南北向山间廊是沿着主要生态廊道所形成的花园长廊。

（二）设计要点

山慢城花园长廊的规划建设围绕着四个关键词展开——"山""绿""彩""淳"（图5-28）。

"山"是保持山慢城整体景观空间氛围，以原有的山脉以及自然资源为基础，向城市建设发展生态景观，从而加强山慢城景观空间的联系性和整体性。

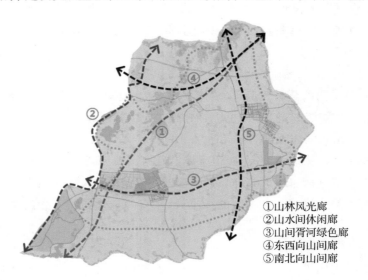

①山林风光廊
②山水间休闲廊
③山间胥河绿色廊
④东西向山间廊
⑤南北向山间廊

图 5-28 山慢城片区花
园长廊规划
图片来源：作者自绘

"绿"是延续原真山林植物景观，通过保留原有大乔木及特色乡土树种,延续山林自然野趣及山慢城主要植物特色。各个廊道延续原先的生态植物搭配,在此基础上丰富植物层次(图5-29)。

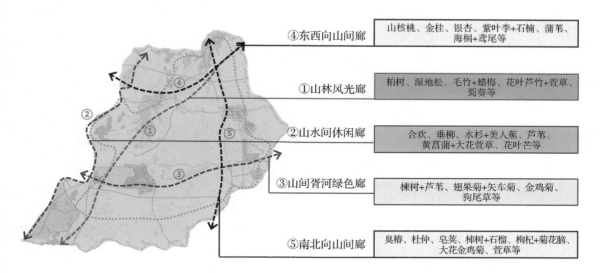

④东西向山间廊　山核桃、金桂、银杏、紫叶李+石楠、蒲苇、海桐+鸢尾等

①山林风光廊　柏树、湿地松、毛竹+蜡梅、花叶芦竹+萱草、蜀葵等

②山水间休闲廊　合欢、垂柳、水杉+美人蕉、芦苇、黄菖蒲+大花萱草、花叶芒等

③山间胥河绿色廊　楝树+芦苇、翅果菊+矢车菊、金鸡菊、狗尾草等

⑤南北向山间廊　臭椿、杜仲、皂荚、柿树+石榴、枸杞+菊花脑、大花金鸡菊、萱草等

"彩"是让四季多彩装点现有植被,通过在不同路段选择季节性主题观花、观叶植物,打造四时之景。其中,山林风光廊规划主打1月至2月季节景观,营造苍翠之境;山间胥河绿色廊道规划建设主打3月至5月的季节景观,打造悠闲春景;山水间休闲廊规划主打6月至7月的季节景观,营造夏日的烂漫花境;南北向山间廊主打8月至10月的季节景观,渲染初秋氛围;东西向山间廊规划主打9月至12月的季节景观,打造秋冬之景(图5-30)。

图5-29　山慢城廊道植物群落图
图片来源:作者自绘

图5-30　山慢城廊道季节景观规划图
图片来源:作者自绘

①山林风光廊　1~2月　"苍然涧色"
柏树、湿地松、毛竹+蜡梅、花叶芦竹+萱草、蜀葵

③山间胥河绿色廊　3~5月　"楝花飘砌"
楝树+芦苇、翅果菊+矢车菊、金鸡菊、狗尾草

②山水间休闲廊　6~7月　"团花簇锦"
合欢、垂柳、水杉+美人蕉、芦苇、黄菖蒲+大花萱草、花叶芒

⑤南北向山间廊　8~10月　"深椿欲秋"
臭椿、杜仲、皂荚、柿树+石榴、枸杞+菊花脑、大花金鸡菊、萱草

④东西向山间廊　9~12月　"金叶簌簌"
山核桃、金桂、银杏、紫叶李+石楠、蒲苇、海桐+鸢尾

"淳"是表达淳美游子乡愁。通过丰富道路边缘空间，合理梳理植被，融合各类空间，打造山水田乡融合的乡愁画卷。通过规划设计，在具同类型空间特质的道路上构建各异的植物群落，打开或遮挡视线，丰富沿途视觉效果，提升可辨识度。

5.1.3.3 廊道景观详细规划设计

一、山林风光廊

（一）具体路线

山林风光廊整体呈西南—东北方向，南以九龙山水库为起点，通过四个分路段——游子山登山道至密竹通幽、桠溪慢城绿道至茶林相间、三条垄登山道至参天古树、固城湖东岸线滨水路，串联起花山、游子山、三条垄和桠溪慢城四大节点。

（二）控制线范围

在控制范围内增加山脊游步道等绿廊线路，增加视线景观廊。控制线范围应以道路中线向两侧 200～500 m 为宜；根据周边实际用地情况，每 1～2 km 设休息平台等服务设施。

（三）主要建设内容

山林风光廊具体建设以香樟、女贞、湿地松、毛竹为主要树木，延续原有的山林景观，适量增加柏树、蜡梅等树木，红叶石楠、圆柏、萱草、沿阶草等中下层植物，打造怡人自得的冬雪长廊景观（图 5-31）。

（四）分路段现状与规划建设

山林风光廊路线规划具体分为四个路段：游子山登山道至密竹通幽（Ⅰ段）、桠溪慢城绿道至茶林相间（Ⅱ段）、三条垄登山道至参天古树（Ⅲ段）、固城湖东岸线滨水路（Ⅳ段）。

1）山林风光廊Ⅰ段

山林风光廊Ⅰ段当前为高郁闭度的缓坡针阔混交林，半封闭"绿廊"效果明显，但下层植物杂乱（图 5-32）。

规划建设整体保持现有绿色隧道状况，以突出山林氛围为重点，保留

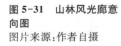

图 5-31　山林风光廊意向图
图片来源：作者自摄

　　优势树种(图5-33),如马尾松、毛竹、湿地松等,疏除生长欠佳的植物,补植下层草本覆盖裸土,比如络石、萱草、肾蕨等(表5-1)。

图5-32　山林风光廊Ⅰ
段现状
图片来源:作者自摄

图5-33　山林风光廊Ⅰ
段建设意向图
图片来源:作者自摄

表 5-1　山林风光廊Ⅰ段特色植物

类别	植物名称
乔木	马尾松、毛竹、湿地松
灌木	红叶石楠、圆柏
地被	络石、萱草、肾蕨

表格来源:作者自绘

（2）山林风光廊Ⅱ段

山林风光廊Ⅱ段当前为缓坡阔叶混交林（图5-34），空间变化丰富，开敞与半开敞空间相间，绿色植物景观良好，但缺花色叶树木点缀。

规划建议突出现有空间开合变化，保护优势树种的生长，如湿地松、桂花、榆树、李树、桃树等等，沿途补植低矮草花丰富色彩，打造四季景观（表5-2，图5-35）。

表5-2 山林风光廊Ⅱ段季节特色景观规划

月份	3月	4月	5月	6月	7月	8月	9月
特色植物	紫花地丁	矮牵牛		波斯菊		石蒜	

表格来源：作者自绘

图5-34 山林风光廊Ⅱ段现状
图片来源：作者自摄

图5-35 山林风光廊Ⅱ段建设意向图
图片来源：作者自摄

（3）山林风光廊Ⅲ段

山林风光廊Ⅲ段当下景观为高郁闭度的缓坡针阔混交林，半封闭"绿廊"效果明显，但下层植物杂乱，缺乏梳理（表5-3，图5-36）。

规划建设保持现有绿色隧道状况，突出山林氛围，保护原有优势树种，如马尾松、毛竹、湿地松等，补植下层草本覆盖裸土，如络石、萱草、肾蕨等（图5-37）。

表5-3 山林风光廊Ⅲ段特色植物

类别	植物名称
乔木	马尾松、毛竹、湿地松
灌木	红叶石楠、圆柏
地被	络石、萱草、肾蕨

表格来源：作者自绘

图5-36 山林风光廊Ⅲ段现状
图片来源：作者自摄

图5-37 山林风光廊Ⅲ段建设意向图
图片来源：作者自摄

（4）山林风光廊Ⅳ段

山林风光廊Ⅳ段当下景观为高郁闭度的缓坡针阔混交林，半封闭"绿廊"效果明显，但下层植物杂乱（表5-4，图5-38）。

表5-4　山林风光廊Ⅳ段特色植物

类别	植物名称
乔木	马尾松、毛竹、湿地松
灌木	红叶石楠、圆柏
地被	络石、萱草、肾蕨、蜀葵

表格来源：作者自绘

图5-38　山林风光廊Ⅳ段现状
图片来源：作者自摄

规划建设保持现有绿色隧道状况，突出山林氛围，保护当地马尾松、湿地松等植物，补植下层草本覆盖裸土，如络石、萱草、肾蕨、蜀葵等。此外，打开面向固城湖一侧的景观面，以便游人远眺观湖景（图5-39）。

图5-39　山林风光廊Ⅳ段建设效果图
图片来源：作者自绘

二、山水间休闲廊

（一）具体路线

山水间休闲廊道沿漆桥河和固城湖的东岸线进行规划建设，整体分为两个分路段，即漆桥河东岸线滨水路和固城湖东岸线滨水路分别进行具体设计。山水间休闲廊是连接山慢城和文慢城两个片区的绿廊（图5-40）。

（二）控制范围

规划建设以河道控制线为基础进行廊道绿化控制，圩田段规划控制堤岸外侧20~50 m范围的绿化。

图 5-40 山水间休闲廊效果图
图片来源：作者自绘

（三）主要建设内容

山水间休闲廊规划主打6月至7月的季节景观，以合欢、紫薇为主要景观，辅以垂柳、水杉等树木，结合滨水植物芦苇、美人蕉、花叶芒等和乡野植物八仙花、大花萱、狗尾草等，营造夏日的浪漫氛围，打造风光旖旎的春夏长廊。

（四）分路段现状与规划建设

山水间休闲廊路线规划具体分为两个路段：漆桥河东岸线滨水路（Ⅰ段）、固城湖东岸线滨水路（Ⅱ段）。

1）山水间休闲廊Ⅰ段

山水间休闲廊Ⅰ段当下景观为缓坡针阔混交林，富有自然野趣，"绿廊"效果明显，但部分滨水植物视线密闭，下层植被杂乱（表5-5，图5-41）。

规划建设保持现有特色，打开滨水透景线，突出山林水乡氛围，保护原有树种合欢、垂柳、榆树、紫薇等，疏除生长欠佳的植物，补植下层色叶草本，如鸢尾、八仙花、红花酢浆草等植物（图5-42）。

表 5-5　山水间休闲廊Ⅰ段特色植物

类别	植物名称
乔木	合欢、垂柳、榆树、紫薇
水生植物	芦竹、芦苇
地被	鸢尾、红花酢浆草、八仙花

表格来源:作者自绘

图 5-41　山水间休闲廊
Ⅰ段现状
图片来源:作者自摄

图 5-42　山水间休闲廊
Ⅰ段建设意向图
图片来源:作者自摄

（2）山水间休闲廊Ⅱ段

山水间休闲廊Ⅱ段当下景观为缓坡阔叶混交林,视线开阔,原生植物芦苇等形成了自然的廊道特色,但植物景观层次单薄,景观效果单一(表5-6,图5-43)。

表5-6　山水间休闲廊Ⅱ段特色植物

类别	植物名称
乔木	合欢、垂柳、榆树、紫薇
水生植物	芦竹、芦苇
地被	鸢尾、红花酢浆草、向日葵

表格来源:作者自绘

图5-43　山水间休闲廊
Ⅱ段现状
图片来源:作者自摄

规划建设保持现有特色,突出山林湖泊氛围,通过增加花卉灌木和乔木来丰富景观层次,保护原有树种合欢、垂柳、榆树、紫薇等,补植下层色叶植物,如鸢尾、向日葵、红花酢浆草等(图5-44)。

图5-44　山水间休闲廊
Ⅱ段建设效果图
图片来源:作者自绘

三、山间胥河绿色廊

（一）具体路线

山间胥河绿色廊为东西走向，是沿着胥河生态廊道所形成的花园长廊。胥河北岸以绿地农田为主，南岸有一条堤岸道路。山间胥河绿色廊的规划路线为胥河—固城湖东岸线。

（二）控制范围

以河道控制线为基础进行廊道绿化控制，北岸可扩大到距控制线 50 m，南岸根据道路和村庄实际情况控制，东坝段南岸控制线扩至河滨西路南。

（三）主要建设内容

山间胥河绿色廊道规划建设主打 3 月至 5 月的季节景观，以楝树为主要树木，以观赏草如狼尾草、细叶针茅等带状植物为主要景观，通过种植富有乡野气质的菊科草花点缀路缘，打造浪漫缤纷的春夏滨水花园廊道。

山间胥河绿色廊的重点规划建设在胥河滨河路。该段风光廊当下景观为缓坡针阔混交林，廊道明显但毫无特色，存在着大面积河岸黄土裸露的问题，且路段内景观重复度高，容易产生视觉疲劳，有一定的安全隐患。

规划建设保持现有山林河流特色，以观赏草为主题，突出山林春夏氛围，疏除生长欠佳的部分楝树、芦苇，路缘种植饱满的八仙花、狗尾草、金鸡菊等以覆盖裸土，水边种植水生植物香蒲、水薇等，中间则是大片观赏草（表 5-7，图 5-45～图 5-49）。

表 5-7　山间胥绿色廊特色植物

类别	植物名称
乔木	楝树
水生植物	芦苇、香蒲、水薇
地被	八仙花、细叶针茅、狼尾草、狗尾草、金鸡菊

表格来源：作者自绘

图 5-45　山间胥河绿色廊建设效果图
图片来源：作者自摄

图 5-46　胥河滨河路现
状 1
图片来源：作者自摄

图 5-47　胥河滨河路建
设效果图 1
图片来源：作者自绘

图 5-48　胥河滨河路现
状 2
图片来源：作者自摄

四、东西向山间廊

（一）具体路线

东西向山间廊为东西走向，沿着 301 县级道路串联游子山和大荆山
等片区，其主要道路途经桠溪慢城，穿越胥河。东西向山间廊的规划路线
为游子山—大荆山—石臼湖南岸线。

（二）控制范围

主要以道路红线为控制线，部分路段穿越山体，可增加山间游步道
等，控制线范围应扩大至 100～300 m；增加途中景观点。

（三）主要建设内容

东西向山间廊的规划建设重点在 X301 沿线。该段风光廊当下景观
为针阔混交林，廊道明显但缺乏特色，植物景观层次单薄。

规划建设保持现有山林特色，突出山林秋色氛围，疏除部分生长欠佳
的植物，保护原有的枫香、银杏、红枫、金桂等植物，补植、增加色叶和开花的
灌木及地被植物，如石楠、蒲苇、常春藤等（表 5-8，图 5-50，图 5-51）。

表 5-8　东西向山间廊特色植物

类别	植物名称
乔木	枫香、银杏、红枫、金桂
灌木	石楠、紫薇、木槿
地被	蒲苇、常春藤

表格来源：作者自绘

图 5-50　X301 路段现状
图片来源:作者自摄

图 5-51　X301 路段建设效果图
图片来源:作者自绘

五、南北向山间廊

（一）具体路线

南北向山间廊沿着千墩山路,串联起桠溪慢城及其往南的农田区域。南北向山间廊的规划线路为种桃山—东干河傅家坛林场。

（二）控制范围

主要以道路红线为控制线,部分路段穿越山体,可增加山间游步道等,控制线范围应扩大至 100～300 m;适当增加途中景观点。

（三）主要建设内容

南北向山间廊规划以富有乡野情趣的果实树种为主要观赏树种，主体道路两侧种植以柿子、石榴、南天竹为主，用极富金秋特征的树木来营造秋日氛围，打造落果缤纷的金秋长廊；部分路段增加相应的山间游步道等，并增加沿线的景观点。

南北向山间廊的规划以千墩山路为建设的重点。该段风光廊当下景观为缓坡针阔混交林，廊道效果明显但缺乏相应的特色，植物景观层次单薄，借景视线不明显。

规划建设保持现有山林特色，突出山林秋色氛围，重点种植臭椿、杜仲、柿树等，适当补植、增加色叶和开花的灌木及地被植物，如枸杞、菊花脑、大花金鸡菊等（表5-9，图5-52～图5-54）。

表 5-9   南北向山间廊特色植物

类别	植物名称
乔木	臭椿、杜仲、柿树
灌木	枸杞、金生女贞
地被	菊花脑、大花金鸡菊

表格来源：作者自绘

图 5-52   南北向山间廊
建设意向图
图片来源：作者自摄

图 5-53 南北向山间廊
现状
图片来源:作者自摄

图 5-54 南北向山间廊
建设效果图
图片来源:作者自绘

5.1.4 门户节点规划

5.1.4.1 选点依据

一、规划原则

根据山慢城片区的景观绿轴串联固城湖、游子山、桠溪慢城三大门户节点的规划布局,以及山慢城片区人文、自然及综合资源的分布情况,山慢城门户节点规划整体通过针对性地打造本土特色门户节点,来突出山慢城生态野趣的山林田园风光;同时,提升植物景观品质、增彩增香,注重植物群落结构合理性,选择复合型植物群落结构,让景观连片成景,打造山慢城生态名片。

二、选址定位

根据山慢城自然景观资源的分布、本次风光廊道的规划以及各个片区旅游线路规划,山慢城总体决定在游子山和桠溪慢城处打造特色门户节点,具体节点有:玉泉寺、真如禅寺、灵官殿、桃花扇广场、大山村、枫彩园和荆山竹海(图5-55)。

(一)玉泉寺

玉泉寺位于花山片区,而花山片区靠近固城湖畔,玉泉寺也因此成为山慢城山林风光廊序列中的重要一环。

(二)真如禅寺

真如禅寺位于山慢城中主要为寺庙景观的小游山片区,整体氛围庄严肃穆,以规则式景观为主。

(三)灵官殿

灵官殿位于大游山山顶,属于道教文化景观大游山顶视野开阔,以小游园形式布置景观,植物景观较为精致。

(四)桃花扇广场

桃花扇广场位于桠溪慢城片区南部,硬质广场面积较大,周边种植桃花呼应主题。

(五)大山村

大山村位于桠溪慢城片区中部,地理位置优越,历史文化深厚,景观自然野趣。

(六)枫彩园

枫彩园位于桠溪慢城片区中部,主要景观为一片北美红枫林,秋季景观较好。

(七)荆山竹海

荆山竹海位于桠溪慢城片区北部,竹类资源丰富,其竹海景观远近闻名。

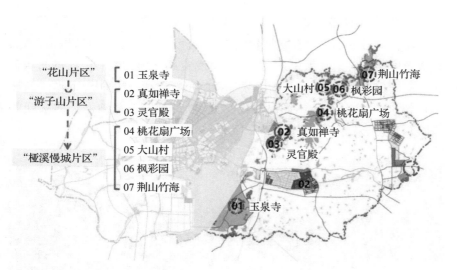

图 5-55　山慢城门户节
点分布图
图片来源:作者自绘

5.1.4.2　节点类型

一、自然资源节点

山慢城片区拥有着优越的自然资源,因此,本次规划通过以荆山竹海为主的自然资源节点建设,打造山慢城片区"山林古道,翠竹幽径,花掩修竹,雪摇青枝"的生态景观,建立起高淳山慢城片区独特的生态品牌。

二、人文景观节点

山慢城的山寺资源、人文风貌和自然资源相互关联,本次规划在改善自然环境的同时,注重对其人文民俗的保护和传承,深挖片区内的历史文化底蕴,放大当地"古韵禅意"的特色,打造具有景观特色的自然—人文综合型门户节点。

三、综合景观节点

山慢城片区中,有许多综合性的景观节点,本次规划设计通过节点结合山慢城文化历史脉络和自然生态风貌,串联起山慢城的三个片区——花山片区、游子山片区、桠溪慢城片区,打造高淳文化生态融合的绿色开放空间。

5.1.4.3　节点详细规划

一、玉泉寺

(一)具体位置

玉泉寺,位于南京市高淳区城东南 15 km 的花山半山腰。

(二)景观现状

玉泉寺当下植物种类多样,但植物大多自然生长,缺乏一定的修剪养护,因此当下景观较为杂乱,且存在部分植物长势不佳的情况。

（三）景观建设内容

山慢城规划加强对现有植物的养护管理,通过补植或新增枫香、鸡爪槭等色叶树种来丰富季相景观。玉泉寺所在的花山片区的白牡丹闻名全国(图5-56),因此,通过扩大玉泉寺特色植物白牡丹的种植面积,来凸显地域特色环境,并种植不同品种的芍药、牡丹等营造花岫停云的景观效果,以打造玉泉寺片区特色景观。

图5-56　玉泉寺景观现状
图片来源:作者自摄

（四）种植设计

在具体植物建设中,对现存的湿地松、杉木进行梳理修剪,对玉泉寺现存的刺槐、枫香、石楠、白牡丹进行梳理补植;此外,新增银杏、木芙蓉、紫叶李、芍药(图5-57,表5-10)。

图5-57　玉泉寺景观改造意向图
图片来源:作者自绘

表 5-10 玉泉寺苗木表

序号	植物名称	拉丁名	色彩	观赏期	措施
1	湿地松	*Pinus elliottii*	绿	全年	梳理
2	杉木	*Cunninghamia lanceolata*	绿	全年	梳理
3	银杏	*Ginkgo biloba*	黄	9—11 月	新增
4	刺槐	*Robinia pseudoacacia*	绿	4—6 月	梳理补植
5	枫香树	*Liquidambar formosana Hance*	红	9—11 月	梳理补植
6	鸡爪槭	*Acer palmatum*	红	9—11 月	补植
7	木芙蓉	*Hibiscus mutabilis*	绿	8—10 月	新增
8	紫叶李	*Prunus cerasifera 'Atropurpurea'*	紫	3—11 月	新增
9	石楠	*Photinia serratifolia*	绿	4—10 月	梳理补植
10	芍药	*Paeonia lactiflora*	粉	5—6 月	新增
11	白牡丹	*Graptoveria 'Titubans'*	白	11—4 月	梳理补植

表格来源:作者自绘

二、真如禅寺

(一)具体位置

真如禅寺,位于南京市高淳区东南的游子山中,占地面积百余亩。游子山真武庙原有三进二厢近 30 间庙堂。

(二)景观现状

真如禅寺所在的小游山片区,主要为寺庙景观,整体氛围庄严肃穆(图 5-58)。真如禅寺片区主要为规则式景观,以龙柏、雪松等常绿树种为主,但存在部分植物长势不佳的情况。

(三)景观建设内容

真如禅寺整体景观定位结合佛释古寺的禅意,突出植物季相变化,烘托建筑的肃穆宏伟、佛学文化的深厚内涵,实现"听禅音入耳,看落山余晖"的目标愿景(图 5-59)。

图 5-58 真如禅寺景观现状
图片来源:作者自摄

图 5-59 真如禅寺景观改造意向图
图片来源:https://www.
sohu. com/a/430805532 _
100209456

（四）种植设计

规划决定补植色叶树或观花、观果的植物种类,让当地季相景观更加鲜明,小乔木以桃花(取山寺桃花之意)、木芙蓉、鸡爪槭、海棠等为主;同时,适当疏除种植过多的金丝桃,以连翘、结香、南天竹等灌木代替;扩大射干、鸢尾等草花的种植范围,形成小游山片区特色景观。

在具体植物建设中,对现存的龙柏进行梳理修剪,加强对当地雪松、鸡爪槭的修剪养护,并且补植射干使之成为真如禅寺的特色植物;此外,增种海棠和桃,补种木芙蓉、南天竹和鸢尾,新增植物无患子、三角槭、枫香、连翘、结香和玉簪(表 5-11)。

表 5-11　真如禅寺苗木表

序号	植物名称	拉丁名	色彩	观赏期	措施
1	龙柏	*Juniperus chinensis* 'Kaizuca'	绿	全年	梳理
2	雪松	*Cedrus deodara*	绿	全年	加强养护.
3	无患子	*Sapindus saponaria*	黄	2—11 月	新增
4	三角槭	*Acer buergerianum*	红	9—11 月	新增
5	枫香树	*Liquidambar formosana Hance*	红	9—11 月	新增
6	海棠花	*Malus spectabilis*	红	4—5 月	增植
7	桃	*Prunus persica*	粉	3—4 月	增植
8	鸡爪槭	*Acer palmatum*	红	9—11 月	加强养护
9	木芙蓉	*Hibiscus mutabilis*	绿	8—10 月	补植
10	连翘	*Forsythia suspensa*	黄	3—4 月	新增
11	结香	*Edgeworthia chrysantha*	黄	3—4 月	新增
12	南天竹	*Nandina domestica*	绿	3—11 月	补植
13	射干	*Belamcanda chinensis*	黄	6—8 月	补植形成特色
14	鸢尾	*Iris tectorum*	紫	4—5 月	补植
15	玉簪	*Hosta plantaginea*	绿	8—10 月	新增

表格来源:作者自绘

三、灵官殿

（一）具体位置

灵官殿位于大游山山顶,属于道教文化场所。

（二）景观现状

灵官殿位于大游山山顶,视野开阔,总体以小游园形式布置景观,植物景观较为精致,但仍有部分植物遮挡视线。

（三）景观建设内容

整体景观规划选择具有特定文化寓意的乡土植物造景,表达游子思归的文化思想和主题(图 5-60,图 5-61)。植物改造中,观花植物主要选择冬季和春季开花的植物,供高淳人民踏青、晒晦时欣赏;部分植物遮挡视线,规划将通过整形修剪或梳理的方法打开视线;再者,通过植物造景,打造游子思归主题的园林小品。

（四）种植设计

在具体植物建设中,增植现存的榉树、木兰、合欢、龙爪槐、金钟花,加
强对当地的丝棉木的养护管理;同时,增加地被植物红花酢浆草和麦冬,
增加草花植物萱草(表 5 - 12)。

表 5-12 灵官殿苗木表

序号	植物名称	拉丁名	色彩	观赏期	措施
1	白杜	*Euonymus maackii*	白绿	5—6 月	加强养护
2	榉树	*Zelkova serrata*	绿	4 月	增植
3	玉兰	*Magnolia lilifora Desr*	白	2—3,7—9 月	增植
4	合欢	*Albizia julibrissin*	粉	6—7 月	增植
5	龙爪槐	*Styphnolobium japonicum* 'Pendula'	白	7—8 月	增植
6	金钟花	*Forsythia viridissima*	黄	3—4 月	增植
7	红花酢浆草	*Oxalis corymbosa*	红	3—12 月	新增地被
8	麦冬	*Ophiopogon japonicus*	紫	5—8 月	新增地被
9	萱草	*Hemerocallis fulva*	橙	5—7 月	新增草花

表格来源:作者自绘

四、桃花扇广场

（一）具体位置

桃花扇广场位于南京市高淳区桠溪街道。

（二）景观现状

桃花扇广场位于桠溪慢城片区南部,以"桃"为主题,整体呈扇状,占地30 000 m²。广场周边种植了桃花呼应主题,但植物景观略显单调,色彩不足。

（三）景观建设内容

整体景观规划延续"桃"的主题,通过以春花植物为主,增设花坛、花境等以展示时令花卉和花灌木,来打造杏花微雨的景观效果,营造落英缤纷的浪漫春景。

桃花扇广场的植物改造策略以春季景观为主题,桃为主题树种,并配置李、杏、玉兰、迎春等春花植物以及石楠、女贞等常绿植物;同时,增设花坛、花境、花箱等,展示时令花卉或花灌木,使桃花扇广场植物景观更加精致(图 5-62,图 5-63)。

图 5-62 桃花扇广场改造意向图

图片来源:作者自摄

**图 5-63 桃花扇广场改
造意向图**
图片来源:作者自摄

（四）种植设计

在具体植物建设中,对当地现存桃树进行梳理修整,对李树、石楠进行梳理和增植;此外,增植杏、垂丝海棠、玉兰、杜鹃、珍珠绣线菊、粉花绣线菊、迎春。通过增补种植和梳理等方法,丰富植物种类和色彩,打造以"桃花"为中心的春日烂漫景观(表 5-13)。

表 5-13　桃花扇广场苗木表

序号	植物名称	拉丁名	色彩	观赏期	措施
1	桃	*Prunus persica*	粉	3—4 月	梳理
2	李	*Prunus salicina*	白	3—4 月	梳理增植
3	杏	*Prunus armeniaca*	白	3—4 月	新增
4	垂丝海棠	*Malus halliana*	粉	3—4 月	新增
5	玉兰	*Yulania denudata*	白	2—3 月	新增
6	石楠	*Photinia serratifolia*	绿	4—5 月	梳理增植
7	杜鹃	*Rhododendron simsii*	红	4—5 月	新增
8	珍珠绣线菊	*Spiraea thunbergii*	白	3—4 月	新增
9	粉花绣线菊	*Spiraea japonica*	粉	6—7 月	新增
10	迎春	*Jasminum nudiflorum*	黄	3—5 月	新增

表格来源:作者自绘

五、大山村

（一）具体位置

大山村位于桠溪慢城片区南部,地理位置优越,历史文化深厚。

（二）景观现状

大山村景观富有自然野趣，但部分区域的景观绿有余而彩不足，还有一些景观不可持续，且后期维护费用较高。

（三）景观建设内容

大山村片区的改造策略是以夏季景观为主题，以水景为特色景观，打造花翻紫浪的景观效果，营造乡野田园的优美意境。大山村建设以绿化、美化、香化为宗旨，以绿色为基调，增植夏季开花的水生植物，让植物景观总体呈彩色化；水上植物选择花菖蒲、千屈菜等，增加夏季的清凉感受，打造"夏清"的景观体验；此外，采用种植观赏价值高、具有一定经济效益且耐粗放管理的植物，打造可持续的生态植物景观（图5-64，图5-65）。

图5-64　大山村改造意向图
图片来源：作者自摄

图5-65　大山村改造意向图
图片来源：作者自摄

（4）种植设计

在具体植物建设中，对当下的乌桕、楝树、广玉兰、刺槐进行一定的梳理和增植，加强对现有柳叶马鞭草的养护管理，增加攀缘植物凌霄，增种绣球、栀子、花菖蒲、千屈菜、梭鱼草。通过增补种植和梳理等方法，丰富大山村的植物群落，增添季节景观的色彩（表5-14）。

表 5-14 大山村苗木表

序号	植物名称	拉丁名	色彩	观赏期	措施
1	乌桕	*Sapium sebiferum (L.) Roxb.*	黄	8—11月	梳理增植
2	楝树	*Melia azedarach L.*	绿	3—11月	梳理增植
3	广玉兰	*Magnolia grandiflora*	白	5—6月	梳理增植
4	刺槐	*Robinia pseudoacacia*	绿	3—11月	梳理增植
5	绣球	*Hydrangea macrophylla*	紫	6—8月	新增
6	栀子	*Gardenia jasminoides*	黄	3—7月	新增
7	凌霄	*Campsis grandiflora*	橙	5—8月	新增攀缘植物
8	柳叶马鞭草	*Verbena bonariensis*	紫	5—9月	加强养护
9	花菖蒲	*Iris ensata var. hortensis*	紫	6—7月	新增
10	千屈菜	*Lythrum salicaria*	紫红	7—8月	新增
11	梭鱼草	*Pontederia cordata*	紫	7—10月	新增

表格来源：作者自绘

六、枫彩园

（一）具体位置

枫彩园位于南京市高淳区桠溪街道生态路6号桠溪国际慢城内。

（二）景观现状

枫彩园内有2000亩北美红枫。北美红枫树干挺直，树叶整洁，秋色叶红艳醒目。当地片植北美红枫作为风景林，秋季一片火红，非常壮观。

（三）景观建设内容

总体规划设计在景区范围内以秋季景观为主题，打造稳定的复合结构的风景林，通过增补植物，丰富色叶树种的群落景观，营造层林尽染的景观效果。

枫彩园景观建设以秋季景观为主题，以北美红枫为主题树种，配植多种其他槭类植物；以树形优美、季相变化明显的水杉、中山杉或常绿的雪松等树种为背景林，与红枫交相辉映，丰富林冠线变化；同时，林下点缀石蒜等观花地被,丰富植物群落景观;此外,加强后期维护和管理,特别是加强冬春两季的管理和越冬防寒保护,以及水分管理;添加片区的基础设施,在景点内增设一些游憩设施,以便游人坐赏枫林(图5-66,图5-67)。

图5-66 枫彩园改造意向图1
图片来源:作者自摄

图5-67 枫彩园改造意向图2
图片来源:作者自摄

(四)种植设计

在具体植物建设中,以中山杉、水杉为枫彩园的背景林,加强对现存北美红枫的养护管理,此外,增植三角槭、元宝槭、红羽毛槭、鸡爪槭,同时增种草花植物石蒜和韭莲。通过增补种植和梳理等方法,丰富枫彩园的植物群落,形成层次丰富的秋日景观(表5-15)。

表 5-15　枫彩园苗木表

序号	植物名称	拉丁名	色彩	观赏期	措施
1	中山杉	*Taxodium 'Zhongshanshan'*	黄	3—11 月	作背景林
2	水杉	*Metasequoia glyptostroboides*	黄	3—11 月	作背景林
3	红花槭	*Acer rubrum*	红	秋冬	加强养护
4	三角槭	*Acer buergerianum*	红	秋冬	新增
5	元宝槭	*Acer truncatum*	红	4—9 月	新增
6	羽毛槭	*Acer palmatum var. dissectum*	红	5—9 月	新增
7	鸡爪槭	*Acer palmatum*	红	9—11 月	新增
8	石蒜	*Lycoris radiata*	红	8—9 月	新增草花
9	韭莲	*Zephyranthes carinata*	粉	4—9 月	新增草花

表格来源:作者自绘

七、荆山竹海—竹岩积翠

（一）具体位置

荆山竹海位于桠溪慢城片区北部,具体在南京市高淳区桠云路。

（二）景观现状

荆山竹海位于桠溪慢城片区北部,竹类资源丰富,提供了良好的植物景观基调,但植物景观较为单调(图 5-68)。

（三）景观建设内容

荆山竹海—竹岩积翠整体景观定位以翠竹劲松为主体,强调"岁寒三友"的景观,在景区范围内以冬季景观为主题,打造多样化的植物群落和特色化的植物景观,以体现山林古道、翠竹幽径的目标愿景(图 5-69)。

植物改造策略以冬季景观为主题,修复生态基底、强化竹林景观特色,并配植松、梅等,打造"岁寒三友"景观;新增一些冬季常绿或观花观果的小乔木、灌木及草花,丰富上中下植物层次。

图 5-68　荆山竹海现状
图片来源:作者自摄

图 5-69 荆山竹海改造
意向图
图片来源：作者自摄

（四）种植设计

在具体植物建设中，对现有的毛竹、络石进行系统性梳理，同时梳理增植现有的雪松、梅，增加植物蜡梅、冬樱花、枇杷、枸骨、山茶、常春藤。通过增补种植和梳理等方法，丰富荆山竹海的冬日景观（表 5-16）。

表 5-16　荆山竹海苗木表

序号	植物名称	拉丁名	色彩	观赏期	措施
1	雪松	*Cedrus deodara*	绿	全年	梳理增植
2	梅	*Prunus mume*	红	冬春	梳理增植
3	蜡梅	*Chimonanthus praecox*	黄	11—3 月	新增
4	高盆樱桃	*Prunus cerasoides*	红	10—12 月	新增
5	枇杷	*Eriobotrya japonica*	白	10—12 月	新增
6	毛竹	*Phyllostachys edulis*	绿	全年	梳理
7	枸骨	*Ilex cornuta*	红	10—12 月	新增
8	山茶	*Camellia japonica*	红	1—4 月	新增
9	常春藤	*Hedera nepalensis var. sinensis*	绿	全年	新增
10	络石	*Trachelospermum jasminoides*	绿	全年	梳理

表格来源：作者自绘

5.2　文慢城绿色空间规划

5.2.1　片区特质提炼

　　特色城市绿色空间在维护生态环境、增强城镇宜居性、塑造整体风貌、激发城镇活力等方面发挥着重要的作用,能够促进游览、交流、娱乐、文化传播等社会性活动的开展。然而随着开发建设项目的增长,往往以经济为主导,忽略了对人文、生态的关注,绿色空间的文化性与公共性不足,缺乏文化内涵,如何改善这一问题成为我们需要思考的要点。文化是休闲城市建设的灵魂,也是城市发展的根基。建设特色区域时,需要有文化主题、文化设计,一个路牌、一个视觉或是听觉上的特点都充满着文化含义,在规划建设时要考虑当地的社会环境与历史文化基础,保护好当地文化特色[5]。以自然资源、民俗文化为特色的城市建设,是城市持续发展的基础之一。我国的城市建设要不断挖掘和建立自己的文化灵魂,形成差异化、乡土化的城市文化[6]。因此,文化内涵是城市更深层次的特色,能够为其吸引更多的目光与发展机遇,保持城市的蓬勃生机。高淳文慢城片区的文化建设是至关重要的[7]。

　　一、古朴长街市井连

　　高淳文慢城片区是集古朴老街、浪漫小镇与现代科教新区特色于一体的舒适文旅片区,传统与现代和谐共存。主题定位为市井文化深度体验的"历史文化名城"。规划将其景观特色打造成以文化为魂,统领文慢城的旅游开发,以老街为核心,传承明清历史民俗文化,形成一个"以文会客,以文聚客"的文慢城,打造精致浪漫的城市生活。

　　二、经典传说永流传

　　在现有林荫道的基础上,搭配种植四季草花点缀,体现与其他城市不同的烂漫气息,体现中心城区的浪漫精致。利用高淳古老美好的传说与振奋人心的英雄人物、英勇事迹,分别搭配与其文化内涵相对应的特色植物与乡土花卉,凸显高淳文慢城片区的精致浪漫与文化气息。

　　三、一方乡土呈底蕴

　　植物特色景观建设要以慢城文化为核心,突出文慢城文化底蕴,立足于片区地貌类型,结合具有乡土气息的地形地貌和原有植被,最大限度地保护和利用乡土植物;利用乡土树种体现地域文化内涵,从而创造出各具特色、丰富多彩、亲近自然、贴近地区的植物文化特色景观环境(图5-70)。

图 5-70　文慢城景观意向图

图片来源：作者自摄

5.2.2　"存量优化"视角下的城市景观品质提升

城市发展过程中，在经历扩散和聚集的扩张过程的同时，也伴随着内部更新。城市发展初期，城市空间增长主要以外部扩张为主；城市化后期，西方发达国家为解决城市无序蔓延、土地利用效率低下等问题，兴起了以内部填充和城市更新为主要方式的城市精明增长运动[8]。改革开放以来，我国在经历了 40 年的城市发展之后，部分城市也逐渐步入城市空间"存量优化"的阶段[9]。狭义的存量发展是指在不增加建成区面积的前提下，利用城市更新的方式挖潜存量用地从而实现经济增长[10]。存量优化倾向于对局地土地资源的更新，通过改变景观格局，影响生态过程，达到提升人居环境质量的目的。因此，定量刻画存量优化模式下的城市内部动态，是认识其生态环境效应的基础和前提，可为城市生态规划与管理提供重要的科学依据[11]。

随着我国经济发展方式的转变，城市空间面临着由增量扩展到存量优化的重要转型，快速的城市空间拓展造成了城市新区之间、新区与老城区之间功能割裂或混乱，许多新区面临着基础设施和社会服务体系严重滞后、城市生态环境恶化等诸多问题。针对这些问题，提出了要及时构建适应城市空间存量优化阶段的城市新的规划和管理体制、完善城市交通网络系统、及早进行产业的置换和重组、规划和建设城市新区社会公共服务体系等措施。

城市空间是城市社会经济发展的物质载体，城镇化是对空间的生产和再造，城镇化过程中产生的诸多问题本质上就是城市空间生产、分配、交换和消费的问题，而空间治理是城市管理的一种新的综合手段。城市空间拓展、治理与重构一直是国内外城市、区域和空间经济学界研究和关注的重要课题之一。随着中央城市工作会议的召开和"城市双修（城市修补、生态修复）"工作的开展，我国城市空间正面临着由以扩展为主导的增量空间发展转向存量空间优化、治理与重构的时代，城市空间结构调整、交通网络重构、公共服务设施优化、历史文化传承等也急需适应城市空间调整的节奏，以此真正实现产城融合、提升城市治理水平。对此进行深入研究是适应经济发展新常态,大力推动供给侧结构性改革的有效途径。国外关于城市空间扩展与治理的相关研究是伴随着大城市的工业化进程及城市病的产生,对城市空间扩展、治理和重构的关注较早,从理念、思路以及实践等方面进行了较为全面的探讨,但由于西方发达国家和我国在社会政治经济背景、城市发育的成熟度等方面存在较大差异,其理论研究不完全适应我国现阶段新型城镇化进程中城市空间治理与重构的需要。国内学者虽从不同角度对我国城市空间扩展、治理与重构等进行了一些研究,但更多的还是关注城市功能和空间结构的调整。

高淳区用地类型的动态变化特征表明高淳已步入"存量优化"的城市发展阶段。高淳区国土总面积虽有 790.23 km²,但文慢城片区属于中心城区,可供开发的增量空间较少。相对于增量空间,高淳文慢城片区的存量空间却十分巨大。因此,对于存量空间的再开发是高淳文慢城片区更好发展的必经之路。随着城市的发展,土地开发利用方式从"手术刀式"的大拆大建,逐步向"针灸式"的精细调整过渡[12]。城市更新和内部填充变化的平均地块面积无显著差异,但城区内部建设对植被的侵占比例远高于城市更新中植被增加的比例,说明城市内部整体绿量在减少。植被作为城市景观的重要组分,发挥着诸如降温、滞尘、降噪等不可替代的生态功能。在进行城市更新时,应当质量与数量并重,充分发挥景观格局对生态过程的作用。因此本文结合中央城市工作会议精神,以南京市高淳区城市空间拓展为例,对存量优化背景下城市空间治理进行梳理和总结[9],充分利用高淳植物资源,使城市植被发挥最大的生态环境效应。

对于高淳文慢城片区空间景观的提升主要从文化氛围营造、树种选择、上位规划绿地系统衔接、分类提升几个方面进行展开。

一、文化氛围的营造

(一)利用植物景观体现市井文化与历史古韵

高淳老街内建筑物皆为明清时期所建,充分利用老街内现有古建筑资源,结合水边垂柳、屋角巷头的柿树、"老白干"与"辣椒末"等乡土植物,重现"牛衣古柳卖黄瓜"的古风,与人间烟火、淳朴民风迎面撞个满怀。宝塔公园内的四方宝塔,始建于东吴,是古城高淳的一个标志性建筑;而白牡丹素有高淳四宝之一的美誉,于园内种下一方白牡丹,伴宝塔左右,打造"花香风动舞仙仙,满目琼瑶坠自天"的自然美景。

(二)利用植物景观展现城市精致浪漫

人民公园整体呈现现代休闲的风格,以海棠等春季开花树种为园内主要树种,展现出高淳斑斓、缤纷的美,体现"水畔绿荫花慢城"的悠然景观,为市民营造一个精致、浪漫、明快的城市休闲空间。

二、树种的选择

（一）选择乡土树种，强化地域特色表达

对现有应用树种进行调研、筛查，确定乡土树种名录；选择生长优良，适应性强的树种及当地的经济树种，搭配使用，丰富绿化配置模式。

（二）增加彩色植物，注重景观季相变化

多使用彩叶花卉植物，为高淳绿地景观添彩，丰富高淳城市界面空间的色彩；利用彩叶乡土树种，打造高淳四季有景可观的城市空间。

（三）解读植物内涵，注重情感、文化的表达

利用乡土树种体现高淳地域文化，利用具有科普、经济价值的树种体现高淳的文明程度；对高淳城乡区域内的古树名木进行保护管理，体现城市的历史文化。

三、上位规划的有效衔接

（一）与交通规划的衔接

交通规划中对于交通用地按照"列清单、留通道、定规模"的方式予以安排。一是强化高淳区现代化基础设施支撑能力，健全交通枢纽体系；二是完善区域干线快速公路网，加快推动宁宣铁路、宁杭二通道、南京至广德高速公路江苏段、古檀大道、松园路、沧溪路、花园大道等项目建设，构建以芜太公路、北岭路、镇兴路－宝塔路、双高路、双湖路－慢园大道、凤山路、古柏路－芦溪南路、花山路、紫固路为九横，以太安路、经十二路、固城湖路、石臼湖路、丹阳湖路、花园大道、古檀大道、紫荆大道、沧溪路为九纵的城市快速路网体系。在高淳文慢城景观提升过程中，充分结合上位规划，打造以古檀大道、宝塔路、镇兴路、北岭路等主要交通干道为主的绿廊、绿道体系。

（二）与生态空间管控区域规划衔接

根据《省政府关于印发江苏省生态空间管控区域规划的通知》（苏政发〔2020〕1号），生态空间管控区域以生态保护为重点，不得开展有损主导生态功能的开发建设活动，不得随意占用和调整，对15种不同类型的保护对象，实行差别化的管控措施。高淳区行政辖区内生态空间管控区域有22个，主要红线类型为自然保护区、森林公园、湿地公园、风景名胜区等。在高淳文慢城片区的景观提升中，对于人民公园、高淳老街等重要绿色节点的规划提升须严格控制生态红线范围，保护生态环境。

高淳区绿道网络目前存在以下这些问题：绿道特色不明显，中心城区景观大道构想以及本土文化特色难以体现，依托自然与文化资源构建绿网仍未实现。可通过打造不同季相特色的花园长廊、不同绿道类型满足不同人群游憩需求，立足高淳本土文化选择植物品种，将节点与廊道串联

以提升慢行系统。重点针对可感知可体验的要素和项目分类进行系统布局和梳理,各类公园和绿道为主要构建内容。形成包括以城市公园、地区公园和社区公园为主的公园体系;以及以郊野绿道、城乡风景道、城市绿道、社区绿道为主的绿道体系,最终搭建特色滨水空间、各类公园和各类绿道组成的绿地系统。重点打造以镇兴路廊道、宝塔路廊道、古檀大道为代表的生态绿色风光廊,提升城市道路的慢行系统,同时结合文化内涵、植物的季相变化,塑造四季皆有景的宜人慢行空间,并以此打造高淳的道路绿化特色。

(三)结构上的完善补充

高淳中心城区通过综合规划,对绿色慢行网络进行完善提升,对高淳老街(图5-71)、宝塔路绿廊等规划融入更多历史文化内涵,体现更多的人文关怀,真正建设成为人文绿都标志区。

通过构建多季相的节点与廊道交织成网,满足总体生态廊道体系构建与区域绿化全覆盖的需求。

联络节点中的宝塔公园和人民广场,从居民生活、工作、游憩的需求,从街头绿地和城市公园、广场绿地的不同层面共同构建完善的绿地系统。

图5-71 高淳的文化
记忆
图片来源:作者自摄

图 5-72　高淳在南京市
总体空间格局中的定位
图片来源:作者自绘

（四）衔接重点——高淳绿地系统规划

通过对自然资源以及人文资源进行整合,构建高淳城市绿地系统。自然资源包括宝塔公园、濑渚洲公园、固城湖国家湿地公园、花山、游子山、固城湖、胥河等,人文资源包括固城遗址、薛城遗址、高淳老街、漆桥古镇等,将其整合融入成为节点公园、绿色长廊、乡村旅游慢城(图 5-72)。

打造高淳"步步见绿、户户花园"公园体系。科学布点,提高绿地均衡性和可达性。中心城区公园绿地内容丰富,各具特色,功能多样,满足各层次居民游憩需求。科学合理地确定不同层次公园绿地的服务半径,力求做到大、中、小均匀分布,使公园绿地服务半径能覆盖城市居民用地(图 5-73)。

● 服务半径300 m
● 服务半径500 m
● 服务半径1 000 m

图 5-73　中心城区公园
绿地可达性分析
图片来源:作者自绘

四、分类提升，打造花慢城总体规划形象

（一）城市增"绿"

（1）街旁防护绿地游憩化改造

就绿地量而言，高淳拥有良好的资源基础，但由于其缺少休憩娱乐设施，尽管就在"家门口"，居民却可见而不可游。对于人行道外侧绿带宽带不小于 10 m 的，可配置休闲步道、座椅等设施，将不可进入的防护绿带改造为带状公园。如此一来，对于道路红线内人行道宽度不足的，也可以利用带状公园中的游步道进行补充。

（2）结合工业改造的用地置换，优先满足社区公园用地需求

随着高淳的城市发展与更新，应合理调整城市空间布局。随着人们对城市人居环境的日益关注以及对邻近户外休闲娱乐空间的渴求，对于社区绿化建设的看法也由单纯的艺术形式的追求变为关注居住环境的健康，注重绿色系统的生态功能和效应。社区公园建设正好满足了人们需要与自然接触的愿望，使人们能在自己的住宅周围享受大自然。因此对工业用地进行改造时，须优先满足社区公园用地需求，为居民提供休闲服务。

（3）采取"破墙借绿""广场绿地化"建设社区公园

"破墙借绿"是对于居住区或临近居住区的工厂企业，若沿街有闲置空地，局部将围墙内移，配置一定的游憩设施，作为临时绿地为周边居民营造休憩空间。政府可对"破墙借绿"提供一定的政策、经济上的补偿与奖励。"广场绿地化"是对于目前以硬质铺装为主的商业广场，提供移动树池、休憩座椅等设施，为周边居民提供一个休憩的空间。

（4）"见缝插绿"的居住区内部绿化改造

"见缝插绿"式的绿化是城市常规绿化之外的重要补充和新的方向。绿化逐渐由平面向纵面、由大片向零碎转变，通过"见缝插绿"，不仅能增加绿量，也能丰富绿化层次。在实施公共绿地建设时，可以采用搭建花架、扩展河坡绿地和水中种植等方式，激活城市绿化美化元素。

现今，旧居住区很多方面已不能满足现代居民的生活需求，特别是与人关系最为密切的绿化环境。规划在居住区内部进行绿化改造以满足居民的满意度，引导居住区健康发展。

（5）采取"节约型园林"模式

"节约型园林"是一种以最少的地、最少的水、最少的钱，选择对周围生态环境最少干扰的园林绿化模式。这是一种生态化的城市园林模式，也是现代社会可持续发展的一种城市绿化策略。其一为节地型园林绿化：一是充分发挥"立体绿化"的作用，在一切可能的地方进行垂直绿化和屋顶绿化，提高绿视率；二是在绿地建设中坚持种树为主，植物造景，尽量

缩小纯草坪性的开敞空间,加大林下活动空间的比例;三是加强对停车场的绿化,对大型商业设施的停车场,可以改造成生态型绿化停车场;四是在滨河绿地建设时,应因地制宜地采用自然式驳岸处理,增加驳岸自我修复能力;五是最大限度保护好现有绿化成果,避免对大树、古树的砍伐或移植。其二为节水型园林绿化:一是大力发展集雨型绿地,把集雨工程作为今后园林绿地建设的一项标准,充分利用雨洪资源;二是采用微喷、滴灌等先进节水设施、设备,建立节水灌溉型绿地;三是减少铺装硬化地面的比例,必须铺装的地面要采取透气透水材料;四是引进抗旱节水型的灌木和地被植物。其三为节能型园林绿化:在园林绿地的建设、管理和运营中,减少对电、热等能源的消耗,并结合各地的自然条件,积极开发太阳能、风能、地热、水力等可再生能源,鼓励建设"风车园""水车园""太阳园"等科教性的专类园。

(二)打造舒适宜人、健康慢活的道路绿地体系

在城市人口密集区建立慢行有序的网络系统,进行街区慢行道的连接,这涉及市民出行的安全和便利性;连接公园绿地系统,提升城市公园的使用效率;改造与连接废弃或闲置的区域,改善区域的生态环境,提高空间利用率。

(1)突破建设红线,开放空间界面

统筹设计红线内外的空间及设施,使其内外呼应,界面得到充分利用。

(2)多元包容

以多元价值观创造丰富的街道形态。通过历史、艺术、文化与人的活动进行多层次叠加,使街道空间变得更具特色、趣味并富有人情味。

(3)功能有序

即注重场地功能,满足社区变化新需求。对于临界区、行人通行区、种植设施区以及缓冲区等以不同功能进行划分。

(4)文化表述

延续场地记忆,对接市民生活,打造街区特色。发掘与表达文化记忆,将市民的文化生活融入街区设计。

(5)多通路林荫道构建

① 路权重新分配

缩小车行道,拓宽人行道;对车行道区域增加公交专用道、自行车道;沿街种植绿化植物,同时改善标识及信号灯等基础设施。

② 人行道增添活动设施

利用街道家具、指示牌、艺术雕塑、售卖亭、植物种植等吸引人的活动设施及坡道、人行道、安全岛等为行人提供舒适便利。

③ 林荫道、自行车道构建要求

保证林荫大道植物种植的连续性，使街道空间适应不同的用途；种植设计采用本地植物品种，以增加生物多样性；保证自行车道畅通连续；设置专门的自行车道设施；增强自行车可视化标志体系。

（三）打造高淳"生态性、景观性"防护绿地

以服务功能为主导，充分利用乡土树种引领当地风貌；创建出风景怡人的景观，形成随地应变、包容多元的魅力城市。

（1）树种的选择

防护类型绿地的主要功能是通过植物群体包括物理的、生理的、生态的等多方面的功能，减少防护区内的各种自然或人为灾害，如强风、干热风、极端高温、极端低温、洪水、沙尘暴、烟尘、有害气体、噪声等对城市居民在生产和生活过程中造成的危害。防护绿地树种的选择和配置形式是随着具体的环境条件不同而千变万化的，不同功能的防护绿地类型建设对树种的选择和配置形式要求也不尽相同。

营造道路防护绿地的主要目的是保护处于建成区或规划区边缘的道路以及功能区之间的道路的生态安全，创造舒适的道路环境。道路防护应选择树干通直高大、树冠展开、枝叶繁密、抗风性强的深根性树种，主要包括新疆杨、箭杆杨、俄罗斯杨、胡杨、小意杨、白榆、黄榆、白柳、小叶白蜡、大叶白蜡、复叶槭、白桑等乔木树种；同时搭配柽柳、紫穗槐、蔷薇、锦鸡儿等抗逆性强的灌木树种，实现乔灌木的有机结合。在树种的配置上，单一的道路防护功能的林带结构宜采用紧密结构，即林带的垂直断面自上而下应保证枝叶密布，透风系数不小于 0.7，只允许有少量风穿过林墙。紧密结构的有效防护范围虽然较小，但可在林带背风面的道路范围内形成静风区，从而有效地保护道路的安全。除了保护道路安全的功能外，还要兼顾一定范围的防护作用时，林带的断面结构就应该选择疏林结构，使部分风透过林墙，其余部分风越过树冠顶部，这样可在林带背风面的一定范围内降低风速，从而扩大防护范围[12]。

（2）防护绿地品质提升策略

不同城市段的道路，可依据道路两边的植物景观，通过配置水平结构或垂直结构的植物组团，利用借景、框景、透景等设计手法，打造出不同景观感受。

同一河流，位于城市、城郊及乡村的水系段落，或小城、或郊野、或野趣，氛围各不相同，应因地制宜地根据不同地区、路段、场景栽种不同品种、习性的植物。

充分利用不同的植物群落结构及抗不同污染的植物品种，增加城市道路的防护强度，丰富城市的生物多样性，塑造生境。

5.2.3 花园廊道规划

5.2.3.1 廊道概况

一、廊道分类

（一）城市景观廊

城市景观廊沿城市核心区域以及主要道路打造，主要包括镇兴路绿廊、宝塔路绿廊、古檀大道绿廊、凤山路绿廊、北岭路绿廊、汶溪路绿廊。这些景观廊依托文慢城片区的城市景观而设计打造，是文慢城中心城区精致浪漫生活的景观体现。

（二）滨湖休闲廊

滨湖休闲廊是沿固城湖、高淳老街、渡船口广场、湖滨广场、濑渚洲公园、固城湖国家湿地公园等高淳景观节点打造，主要包括湖滨大道绿廊。利用湖景及湖岸的人文景观，打造景观面开阔的滨水廊道，充分展现高淳文慢城片区的景观特色。

二、景观现状问题及对应策略

（一）无明显季相变化

廊道两侧植物种植茂密，但呈现绿有余而彩不足的现象，缺乏彩叶树种及彩色花草的搭配。因此，廊道规划设计可采取增加彩色植物的方式来丰富道路绿化色彩，增加可观赏性，实现四季有景可观。

（二）绿化层次单一

道路两侧植物种植结构较为单一，多采用大乔木结合常绿灌木的形式，缺乏多种不同植物结构相互搭配的形式（图 5-74）。因此，在规划设计时可采取疏除、更换中下层植物以及丰富植物种植形式的方式改善道路景观。

图 5-74 文慢城道路现状图
图片来源：作者自摄

（三）主题节点不突出

廊道两侧植物种植无明显特色，呈大众化、普遍性，主题节点不突出，不具有乡土特色。因此，廊道规划设计可采取强化节点特色、强化乡土树种以及特色树种的方式来突出廊道特色。

5.2.3.2 廊道总体规划

一、规划原则

以文化为魂，统领文慢城的旅游开发，沿主要河流和交通干线两侧建设多条绿色生态廊道，结合文慢城区域自然景点、人文景点（薛城遗址、固城遗址、高淳老街、陶瓷文化）等资源点布局，依托慢道、河滨、条形绿廊等自然和人工廊道建立文慢城花园长廊，充分发挥护蓝、增绿、通风、降尘等作用，同时美化城市道路景观，提升城市吸引力。

二、选址定位

（一）宝塔路绿廊

位于高淳淳溪镇，是高淳骨干性交通要道之一。道路周边的商场、学校、医疗点、政府机关分布密集，商业气息浓厚。廊道两侧有众多公园绿地以及广场绿地。

（二）镇兴路绿廊

位于高淳区淳溪镇，处于文慢城片区中心位置。镇兴路两侧有凤岭公园、悦达广场、人民广场、迎宾广场、高淳区政府、高淳区法院以及众多商业场地，人流量较大，属于文慢城片区的"门面"道路，是重要交通要道之一。

（三）古檀大道绿廊

位于南京市高淳经济开发区北侧，范围为宁高新通道至石固河东路。道路为城市主干道，全长约 1253 m，规划道路红线宽度为 64～70 m，是文慢城片区的重要道路。

（四）凤山路绿廊

位于高淳文慢城片区，毗邻文化科技园、产业园、科技公司等众多高新产业基地，并串联天玺湿地公园等公园绿地，是片区内的重要交通要道之一。

（五）北岭路绿廊

位于高淳区文慢城片区。道路两侧有汽车客运站、居住区、医院等，且串联中杭国际花园、武家嘴政治文化人口公园等公园绿地，人流量较大，是片区的重要交通要道之一。

（六）汶溪路绿廊

位于高淳淳溪镇。廊道两侧有众多公司、酒店、居民区，人流量大。串联农业生态科技园、固城湖国家城市湿地公园。

（七）湖滨大道绿廊

位于高淳区文慢城、紧邻固城湖的一条道路。道路沿线串联高淳老街、渡船口广场、固城湖国家湿地公园等多个公园与广场（图5-75）。

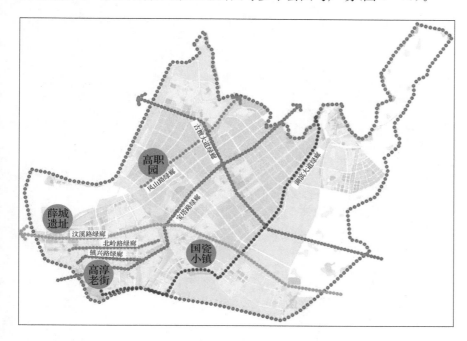

图5-75　廊道分布图
图片来源：作者自绘

三、设计要点

依托现有的公园、绿道、广场等生态资源，通过绿廊渗透到周边社区，将生活区串联为一个开放的整体。

绿化景观以生态优先，保护物种多样性，注重落实因地制宜、结构合理、层次丰富、色彩多样的要求。

绿化植物的选择尽可能采用当地树种，体现城市本土特色，并打造为品牌，带动旅游发展。

植物色彩尽量贴合周边资源，实现二者之间有机联系。采用彩叶花卉彰显高淳生态宜居、四季有景可观的特点。

5.2.3.3　廊道景观详细规划设计

一、湖滨大道绿廊（梅花大道）

（一）具体路线

位于高淳区文慢城、紧邻固城湖的一条道路。道路沿线串联高淳老街、渡船口广场、湖滨广场、濑渚洲公园、固城湖国家湿地公园等多个公园绿地与广场绿地（图5-76）。

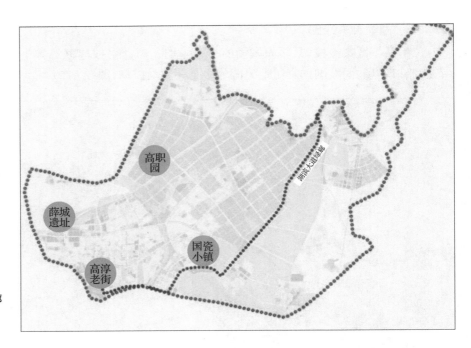

图 5-76　湖滨大道绿廊
定位图
图片来源:作者自绘

（二）控制线范围

主要以道路红线为控制线。

（三）现状分析

湖滨大道紧挨固城湖,车行道两侧种植模式以栾树结合草本黑麦草为主,模式相对单一(图5-77)。优势在于植被生长良好,层次鲜明;不足之处在于中下层植被缺乏梳理,影响整体植物景观。

图 5-77　湖滨大道现
状图
图片来源:作者自摄

**图 5-78　湖滨大道绿廊
改造图**
图片来源：作者自绘

（四）主要建设内容

在上层种植骨干树种榉树，中层增植特色小乔木梅花，在水边种植池杉、水杉等，同时配以花灌木、藤本植物和草花，如变色鸢尾、黄菖蒲等进行驳岸的植物配置，增加活泼的气氛，延续地方特色及景观大气感（图 5-78）。

（五）植物特色

以梅花为主体植物，植物色彩以绿色、红色为主（表 5-17）。

表 5-17　湖滨大道绿廊特色植物

类别	植物名称
乔木	榉树、梅花
灌木	六月雪、火棘、蔷薇
地被	狗尾草、阔叶麦冬

表格来源：作者自绘

二、宝塔路绿廊（鸡爪槭大道）

（一）具体路线

位于高淳淳溪镇，是高淳骨干性交通要道之一。周边商场、学校、医疗点、政府机关较多，商业气息浓厚。廊道两侧有众多公园。

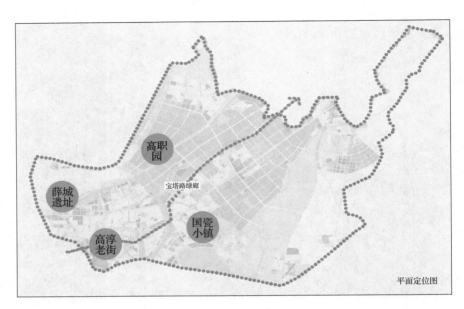

图5-79　宝塔路绿廊定位图
图片来源：作者自绘

（二）控制线范围

主要以道路红线为控制线，在分车带中增加鸡爪槭为主的彩叶树种，沿途可增加花坛、花境景观点。

（三）现状分析

本条廊道共选取了4个路段进行调研分析（图5-80，图5-81）。路段1车行道的行道树种植香樟，同时栽种了造型圆柏、樱花、紫薇、鸡爪槭等小乔木以及女贞、红花檵木、海桐等灌木；非机动车道的行道树是白玉兰，灌木栽植了绿篱状大叶黄杨、球状石楠、棣棠以及地被沿阶草；人行道种植乔木广玉兰及地被阔叶麦冬。路段2以地被种植为主，主要有马齿苋、小蜡、景天、藕草、黄金菊、绵毛水苏等。路段3行道树为香樟，并栽种小乔木鸡爪槭、檵木、女贞、紫薇以及小叶黄杨、海桐、毛鹃、南天竹等灌木。路段4车行道行道树为香樟，同时栽种小乔木鸡爪槭，灌木石楠、金边黄杨、海桐等；非机动车道行道树为白玉兰，灌木有绿篱状大叶黄杨、球状石楠、棣棠以及地被沿阶草。

优势在于特色植物较为丰富，紫薇、鸡爪槭点缀于道路两侧，引人注目，植物长势良好；不足之处在于缺乏季相变化，地被杂乱且部分地被完全裸露，影响整体植物景观。

图5-80　宝塔路绿廊现状图 1
图片来源：作者自摄

图5-81　宝塔路绿廊现状图 2
图片来源：作者自摄

（四）主要建设内容

去除长势不佳的灌木，增植彩叶树鸡爪槭，丰富中下层群落结构。骨干树种选择紫薇、杜鹃，特色树种选择鸡爪槭。适当增加野生态的花坛、花境设计，结合功能需求配置植物景观，突出高淳文化特色（图5-82）。

图5-82　宝塔路绿廊改造图
图片来源：作者自绘

（五）植物特色

以鸡爪槭为主体植物，植物色彩以金黄色、深红色为主，打造出诚挚热情的秋之韵味（表5-18）。

表 5-18   宝塔路绿廊特色植物

类别	植物名称
乔木	紫薇、杜鹃、鸡爪槭
灌木	杜鹃、枸骨、含笑
地被	阔叶麦冬

表格来源：作者自绘

三、镇兴路绿廊（海棠大道）

（一）具体路线

位于高淳区淳溪镇，处于文慢城片区中心位置（图5-83）。镇兴路两侧有凤岭公园、悦达广场、人民广场、迎宾广场、高淳区政府、高淳区法院以及众多商业场地。人流量较大，属于文慢城片区的"门面"道路，是重要交通要道之一。

（二）控制线范围

主要以道路红线为控制线。

（三）现状分析

本条廊道共选取了3个路段进行调研分析（图5-84，图5-85）。路段1车行道的行道树种植香樟，同时栽种了大鸡爪槭、榉木、女贞、紫薇等小乔木，小叶黄杨、海桐、毛鹃、南天竹等灌木，以及沿阶草、矮牵牛、一串红、鸡冠花、万寿菊等地被；人行道的行道树是樱花、鸡爪槭，灌木栽植了规整绿篱圆柏、扶芳藤、小叶黄杨、石楠。路段2栽种了小乔木大鸡爪槭、榉木、女贞、紫薇、桂花、金银花等灌木，以及鸡冠花、万寿菊、大花金鸡菊等地被。路段3车行道行道树为香樟，同时栽种小乔木鸡爪槭、灌木石楠、金边黄杨、海桐等；非机动车道行道树为白玉兰，灌木有绿篱状大叶黄杨、球状石楠、棣棠，以及地被沿阶草；人行道行道树为广玉兰，结合地被阔叶麦冬栽植。

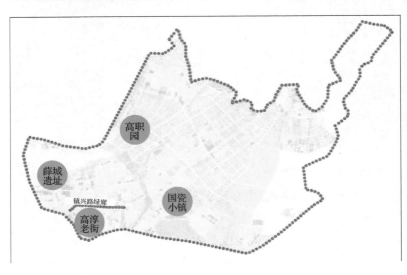

图 5-83   镇兴路绿廊定位图

图片来源：作者自绘

优势在于原有植物长势较好，种植整齐有秩序，且耐干旱、耐修剪；不足在于部分植物景观单薄，植物层次不明显，缺乏灌木层次和地被花卉植物；植物色彩单一，缺乏彩色树种。

图 5-84 镇兴路绿廊现状图 1
图片来源：作者自摄

图 5-85 镇兴路绿廊现状图 2
图片来源：作者自摄

（四）主要建设内容

机动车与非机动车分车带去除中层灌木，增加下层地被石竹、小乔木海棠。对倒伏的竹类植物进行清除，其他辅以支撑；补植病死或缺株植物，并在不同季节补植时令性的一二年生花卉如三色堇、夏堇、中国石竹等，提亮色彩、丰富层次，营造大气连续的道路景观；优化梳理沿路地被，体现其生态性和文化性；节点适当增加开花或彩叶的下层植被。在细节上打造具有高淳地方位文化特色的精致植物景观（图 5-86）。

图 5-86 镇兴路绿廊改造图
图片来源：作者自绘

（五）植物特色

以海棠为主体植物，植物色彩以淡粉、浅绿为主，打造出绚烂多彩的春之韵味（表5-19）。

表5-19 镇兴路绿廊特色植物

类别	植物名称
乔木	香樟、西府海棠、垂丝海棠
灌木	杜鹃、迎春
地被	三色堇、夏堇、中国石竹

表格来源：作者自绘

四、古檀大道绿廊（玉兰大道）

（一）具体路线

位于南京市高淳经济开发区北侧，范围为宁高新通道至石固河东路。道路为城市主干道，全长约1253 m，规划道路红线宽度为64～70 m（图5-87）。

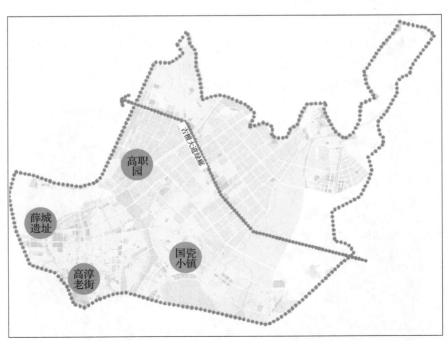

图5-87 古檀大道绿廊定位图

图片来源：作者自绘

（二）控制线范围

主要以道路红线为控制线。

（三）现状分析

本条廊道共选取了4个路段进行调研分析（图5-88）。路段1车行道的行道树种植香樟、广玉兰，同时栽种了海桐、女贞、圆柏等灌木；非机动车道的行道树种植白玉兰以及绿篱大叶黄杨、球状石楠、棣棠等灌木；人行道的行道树是广玉兰。路段2栽种了小乔木桂花、樱花，以及金边黄杨、小叶女贞、红叶石楠、檵木等灌木。路段3车行道行道树为香樟，同时栽种小乔木鸡爪槭，以及灌木石楠、金边黄杨、海桐等；非机动车道行道树为白玉兰，灌木有绿篱状大叶黄杨、球状石楠、棣棠，以及地被沿阶草；人行道行道树为广玉兰，结合地被阔叶麦冬栽植。路段3车行道两侧栽植了小乔木樱花、桂花以及金边黄杨、小叶女贞、红叶石楠、檵木等灌木；非机动车行道行道树为香樟、梧桐；中央分车道路口栽植了地被马齿苋以及整形绿篱金边黄杨、红花檵木、海桐、垂丝海棠、红叶石楠等。路段4种植有乔木大鸡爪槭、檵木、女贞、紫薇，灌木桂花、金银花和地被鸡冠花、万寿菊、大花金鸡菊等。

图5-88　古檀大道绿廊现状图
图片来源：作者自摄

优势在于原有植物长势较好，种植整齐有秩序，且植物较为耐干旱、耐修剪；不足之处在于部分植物景观单薄，植物层次不明显，缺乏灌木层次和地被花卉植物；植物色彩单一，缺乏彩色树种。

（四）主要建设内容

骨干树种选择香樟，特色树种选择广玉兰。推荐种植广玉兰作为主要乔木，灌木层种植杜鹃，辅以地被玉簪，既能体现出古檀大道的大气庄重，也能体现周边分区的生态及人文特色。将道路与周边景区形成联系呼应，打造具有节奏感、主题性的古檀大道绿廊，提升道路节点的特色及景观效果(图5-89)。

**图5-89 古檀大道绿廊
改造图**
图片来源:作者自绘

（五）植物特色

以白玉兰、紫玉兰为主体植物,植物色彩以米白色、淡紫色为主,打造出纯洁烂漫的春之韵味(表5-20)。

表5-20 古檀大道绿廊特色植物

类别	植物名称
乔木	香樟、广玉兰、白玉兰、紫玉兰
灌木	杜鹃、夏鹃
地被	玉簪、麦冬

表格来源:作者自绘

五、凤山路绿廊(木槿大道)

（一）具体路线

位于高淳文慢城片区,毗邻文化科技园、产业园、科技公司等众多高新产业基地,并串联天玺湿地公园等公园绿地,是片区内的重要交通要道之一(图5-90)。

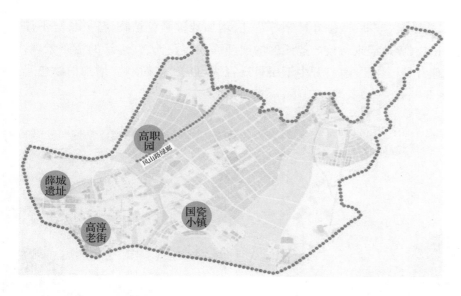

图 5-90　凤山路绿廊定位图
图片来源:作者自绘

（二）控制线范围

主要以道路红线为控制线。

（三）现状分析

本条廊道共选取了 2 个路段进行调研分析(图 5-91)。路段 1 车行道两侧行道树种植栾树,同时栽种了海桐等灌木,以及麦冬等草本;路段 2 车行道两侧行道树种植香樟,同时栽种了冬青等灌木,以及狗尾草等草本。

优势在于整体视线开阔,乡土植物应用较多,极富高淳特色;不足在于缺乏季相变化,植物多自然生长,景观较为杂乱,部分植物长势不佳。

图 5-91　凤山路绿廊现状图
图片来源:作者自摄

（四）主要建设内容

推荐植物以小乔木木槿作为主景树,中下层搭配以沿阶草、红花石蒜、忽地笑、波斯菊、细叶针茅等草花,增加地被彩色植物,替换长势不佳的植物,整体展现科技产业园区的崭新面貌,营造大气连续的道路景观;梳理背景植物层次,打开中下层景观视线,更换地被植物,增加植物色彩(图5-92)。

图 5-92 凤山路绿廊改造图
图片来源:作者自绘

（五）植物特色

以木槿为主体植物,植物色彩以紫红色、深绿色为主,打造出朝气而又热烈的夏之韵味(表5-21)。

表 5-21　凤山路绿廊特色植物

类别	植物名称
乔木	香樟、木槿
地被	沿阶草、红花石蒜、忽地笑、波斯菊、细叶针茅

表格来源:作者自绘

六、北岭路绿廊(紫薇大道)

（一）具体路线

位于高淳区文慢城片区。道路两侧有汽车客运站、居住区、医院等,且串联中杭国际花园、武家嘴政治文化人口公园等公园绿地,人流量较大,是片区的重要交通要道之一(图5-93)。

（二）控制线范围

主要以道路红线为控制线。

（三）现状分析

本条廊道共选取了4个路段进行调研分析（图5-94）。路段1车行道行道树为广玉兰，中层种植中乔木女贞、木槿、桂花以及小乔木紫薇、樱花、紫叶李，下层种植灌木小叶黄杨、金边黄杨、檵木、大叶黄杨、红花檵木、规整圆柏以及地被沿阶草、马齿苋等；非机动车与人行道之间种有乔木香樟以及地被沿阶草。路段2种有紫叶李、香樟等乔木以及马齿苋、沿阶草地被。路段3行道树为香樟，中层种有小乔木大鸡爪槭、檵木、女贞、紫薇等，下层植物为小叶黄杨、海桐、毛鹃、南天竹等灌木以及矮牵牛等地被。路段4车行道上层种植广玉兰、紫薇等乔木以及桂花、女贞、紫叶李、木槿等小乔木，中下层有金边黄杨、檵木、大叶黄杨、红花檵木、规整圆柏等灌木和马齿苋、沿阶草等地被；非机动车与人行道之间种植有香樟以及沿阶草。

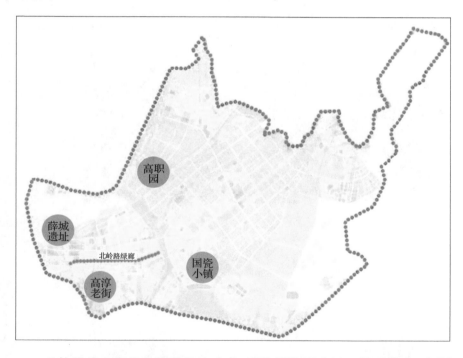

图5-93　北岭路绿廊定位图
图片来源：作者自绘

整体优势在于特色植物较为丰富，道路绿化形式呈三板两带式，主题色为红、白，开花植物较多；不足之处在于中下层植被缺乏梳理，影响整体植物景观，植物色彩单调、地被种类单调。

（四）主要建设内容

机非分车带去除原有灌木，增加种植小乔木紫薇，对拥挤的灌木进行剪除更换，在下层种植聚拢型草本植物遮挡其裸露的枝干，如山麦冬属、玉簪属和蕨类植物。采用耐践踏的草坪草地被,如狗牙根、结缕草;以小龙柏作为绿篱,精细搭配中下层植物,将道路节点景观精细化、主题化。以常春藤、麦冬属等常绿植物覆盖地表,可适当点缀石蒜属、紫堇属、虎耳草等。骨干树种为广玉兰,特色树种为紫薇(图5-95)。

图5-94 北岭路绿廊现状图
图片来源:作者自摄

图5-95 北岭路绿廊改造图
图片来源:作者自绘

（五）植物特色

以紫薇为主体植物，植物色彩以紫红色、白色、深绿色为主，打造出热烈深沉的夏之韵味（表5-22）。

表5-22　北岭路绿廊特色植物

类别	植物名称
乔木	紫薇、大花紫薇、广玉兰
灌木	小龙柏
地被	常春藤、麦冬、石蒜、紫堇、虎耳草

表格来源：作者自绘

七、汶溪路绿廊（桂花大道）

（一）具体路线

位于高淳淳溪镇，与芜太公路相交。廊道两侧有众多公司、酒店、居民区，人流量较大。且串联农业生态科技园、固城湖国家城市湿地公园，是文慢城片区重要的交通要道之一（图5-96）。

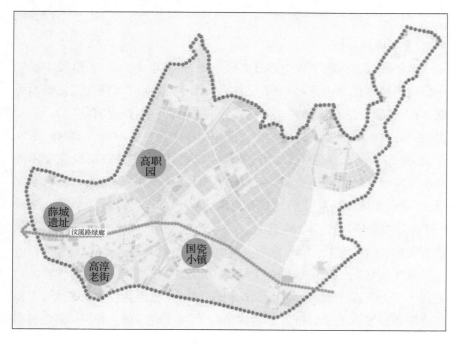

图5-96　汶溪路绿廊定位图

图片来源：作者自绘

（二）控制线范围

主要以道路红线为控制线。

图 5-97　汶溪路绿廊现状图
图片来源:作者自摄

（三）现状分析

本条廊道共选取了 4 个路段进行调研分析(图 5 - 97)。路段 1 现状车行道种植樱花等小乔木,中下层种有石楠、金森女贞、海桐、红花檵木等灌木;人行道上层栽植榉树、栾树、银杏、香樟等乔木,下层有红叶石楠、女贞、石楠、海桐等灌木。路段 2 中央分车带中上层植物有桂花、紫薇、紫叶李、石榴等小乔木,下层有红叶石楠、灌木状圆柏、金边黄杨、红花檵木等灌木。路段 3 行道树为香樟,中层种有小乔木大鸡爪槭、檵木、女贞、紫薇等,下层种有灌木小叶黄杨、海桐、毛鹃、南天竹,以及地被矮牵牛。路段 4 种有乔木香樟、悬铃木、圆柏、广玉兰、紫薇、女贞、枇杷、紫叶李等,下层种有石楠、海桐等灌木。

整体优势在于利用植物引导视线、充当背景,呈现出宁静自然的状态。不足之处在于观赏价值较高的树种在相对使用频度上都较低,未被广泛应用并发挥其景观价值。整体色调为灰、绿色,颜色单一,缺少色彩和季相变化。

（四）主要建设内容

机动车与非机动车分车带以原有的木兰属和木犀科植物为基底,少量穿插其他季节植物,打造春季白色调为主的木兰科特色道路景观。骨干树种选择榉树、栾树,特色树种选择桂花。联系绿廊景观特色,打造分

段而统一的道路景观。下层与地被用红花酢浆草点缀,上层特色树为桂
花。须及时清除枯枝落叶,并增加常春藤、红花石蒜作为地被,狭叶栀子、
矮生南天竹镶边,覆盖裸露地被(图5-98)。

图5-98　汶溪路绿廊改
造图
图片来源:作者自绘

（五）植物特色

以紫薇为主体植物,植物色彩以紫红色、白色、深绿色为主,打造出热
烈深沉的夏之韵味(表5-23)。

表5-23　汶溪路绿廊特色植物

类别	植物名称
乔木	榉树、栾树、丹桂、四季桂、金桂
灌木	狭叶栀子、矮生南天竹
地被	常春藤、红花石蒜

表格来源:作者自绘

5.2.4 门户节点规划

5.2.4.1 选点依据

一、规划原则

以文化为魂,统领文慢城的旅游开发;以老街为核心,传承明清历史民俗文化;以薛城遗址为核心,创意开发远古文化,形成一个"以文会客,以文聚客"文慢城,打造精致浪漫的城市生活。突出色叶树种优势,恢复老街市井街头古朴浓郁、热闹欢庆的人文氛围。应选择具有特定文化寓意的乡土植物造景,体现出文慢城悠久的历史与深厚的文化底蕴。

二、选址定位

(一)高淳老街

位于南京市高淳区淳溪街道,拥有江苏省内保存最完好的古建筑群,也是华东地区保存最完整的明清古街,是片区内知名的古老街道。

(二)宝塔公园

位于南京市高淳区淳溪街道,四周砌以古典围墙,出入口建起了门厅,是文慢城片区较为重要的公园绿地。

(三)人民广场

位于高淳区淳溪街道,处于城区宝塔路东段,春夏季乔木冠大荫浓,繁花盛开,景观明快多彩,是文慢城片区较为重要的广场绿地。

(四)高职园

位于高淳区淳溪镇,处于文慢城片区中心位置,是文慢城片区内重要的交通要道之一。

(五)宁宣高速交界处

双高路与宁宣高速互通节点,是文慢城片区对外联系的重要门户节点,代表着文慢城片区的形象。

5.2.4.2 节点类型

一、自然资源节点

自然资源节点以公园绿地为主,呈现出优美静谧、生态良好的自然状态,植物种类丰富,四季有景可观。文慢城片区的自然资源节点主要有宝塔公园。

二、人文景观节点

人文景观节点的打造需深挖当地的历史文化底蕴,结合其生态特色,植物选择方面选取易于生长、能够与当地文化相呼应的乡土植物树种。片区内的人文景观节点主要有高淳老街。

三、综合景观节点

综合景观节点兼具自然与人文特色,打造具有地方景观特色的自然—人文综合型门户节点。文慢城片区内的综合景观节点包含人民广场、高职园以及双高路与宁宣高速互通节点(图5-99)。

高职园区——湖光草色
新兴的生态科教新城

宁宣高速——红枫寒梅
红枫、梅花打造的门户节点

人民广场——杏花沁槐
刺槐、杏花、紫薇等营造的公园广场

宝塔公园——保圣晚钟
梧桐、三角枫为主要树种的公园

高淳老街——杉林杏影
水杉、银杏等植物妆点的传统布街

图5-99 节点分布图
图片来源:作者自绘

5.2.4.3 节点详细规划

一、高淳老街——杉林杏影

(一)具体位置

高淳老街位于南京市高淳区淳溪街道,又称淳溪老街,是高淳的商业中心,拥有江苏省内保存最完好的古建筑群,也是华东地区保存最完整的明清古街,被誉为"金陵第二夫子庙",有"金陵第一古街"之称。高淳老街自宋朝正式建立街市,至今已有900余年的历史。老街东西全长800 m,宽4.5~5.5 m不等,因呈"一"字形,又称一字街(图5-100)。

图 5-101　高淳老街现状图
图片来源:作者自摄

（二）景观现状

高淳老街一带古迹累累,为"吴风楚韵之地",庙会、戏剧等文化活动众多。街南侧湖滨大道行道树为水杉、香樟;老街西北入口行道树为香樟、银杏。整体景观较好,但现有植物长势不佳,色叶树种不够突出（图 5-101）。

（三）景观建设内容

适当增强秋季色叶树种的景观效果,增添老街氛围。在植物品种的选择上,选取寓意美好的植物以及以乡土树种为主,强化水杉的种植,适当点缀红枫(图5-102)。

图5-102　高淳老街意向图
图片来源:作者自摄

（四）种植设计

老街民俗文化众多,在秋季丰收时节,突出色叶树种优势,恢复老街市井街头古朴浓郁、热闹欢庆的人文氛围。补植色叶树或观花、观果的植物种类,让当地季相景观更加鲜明,乔木以垂柳、柿树、刺槐、水杉、红枫等为主;适当种植油菜、大花金鸡菊等草花(表5-24)。

表5-24　高淳老街特色植物

类别	植物名称
乔木	垂柳、柿树、刺槐
灌木	绣球、含笑
地被	油菜、大花金鸡菊

表格来源:作者自绘

二、宝塔公园——保圣晚钟

（一）具体位置

高淳宝塔公园位于南京市高淳区东,保圣寺塔旁,周围有高淳图书馆和高淳博物馆(图5-103)。园内绿树成荫,草绿水秀,新建的几座桥和公园风格也很融洽。

图 5-103　宝塔公园节点定位图
图片来源:作者自绘

图 5-104　宝塔公园现状图
图片来源:作者自摄

（二）景观现状

宝塔公园历史悠久,文化底蕴深厚。宝塔公园周边主要树种包括水杉、银杏、乌桕、玉兰等乔木,林冠线形状优美,整体景观较好,但水生植物组团不足,草本与花卉类型较少(图 5-104)。

（三）景观建设内容

适当增加林下草本与花卉的营造;丰富驳岸植物种植;增植白牡丹组团,体现高淳的特色花卉景观;梳理景观轴线关系,营造良好借景与框景条件(图 5-105)。

（四）种植设计

宝塔公园极具人文环境特色,历史悠久、传说众多、文化底蕴深厚,栽植中国栽植历史久远的特色树种青桐来呼应文化悠久的四方宝塔;利用三角槭来营造枝繁叶茂、入秋叶色变红、美不胜收的景象;栽植白牡丹来体现宝塔公园的古韵飘香(表5-25)。

图5-105　宝塔公园意向图
图片来源:作者自摄

表5-25　宝塔公园特色植物

类别	植物名称
乔木	青桐、三角槭、广玉兰、枇杷
灌木	金银花、白牡丹
地被	大花金鸡菊
水生植物	荷花

表格来源:作者自绘

三、人民广场——杏花沁槐

(一)具体位置

高淳人民广场位于南京市高淳区政府对面,周围有高淳区人民法院、高淳区教育局、电信局、林业局等,两侧道路分别是宝塔路与镇兴路(图5-106)。

(二)景观现状

人民广场具有城市的精致浪漫以及"老柳不春花自慢,古祠无壁树空"的自然景观,主入口广场行道树为香樟,内部绿地的乔木包含柏树、银杏、柳树、紫叶李、紫薇等。春夏乔木冠大荫浓,但草本与花卉类型较少(图5-107)。

（三）景观建设内容

适当增加林下草本与花卉的营造，增添清新明快的浪漫氛围，强化早春杏花的组团效果，地被同样增种草本与花卉植物（图 5 - 108）。

图 5-106　人民广场节点定位图
图片来源：作者自绘

图 5-107　人民广场现状图
图片来源：作者自摄

（四）种植设计

通过种植刺槐、榉树、杏花、金丝桃、垂丝海棠、紫薇等植物，利用粉色、嫩黄色、紫红色等色彩，营造出人民广场浪漫精致、多彩明快的独特的现代城市人文环境特色（表 5 - 26）。

图 5-108 人民广场意
向图
图片来源:作者自摄

表 5-26 人民广场特色植物

类别	植物名称
乔木	刺槐、榉树、杏、梅、紫叶李
灌木	垂丝海棠、金丝桃
地被	麦冬

表格来源:作者自绘

四、高职园——湖光草色

(一)具体位置

南京高等职业教育创新创业园位于南京市高淳区石臼湖畔,东邻高淳经济开发区,南接城北商务区(图 5-109)。高职园计划培育形成与全市、全省主导产业深度融合的特色优势专业集群,力争打造国际化高水平高等职业教育集聚区、辐射长三角的高层次技能应用型人才培养与产学研协同创新产业集聚区、南京市的门户新区与未来都市实践区。

(二)景观现状

高职园作为高淳新城名片,营建了城市与水系、绿地和谐共存的生态环境。内部绿地的植物包含银杏、柳树、睡莲、梭鱼草等,植物种类较为丰富,但草本与花卉类型较少,缺乏色花、色叶植物(图 5-110)。

(三)景观建设内容

沿水系营造滨湖、滨河景观,重点突出沿岸及下层植被的层次搭配,提倡可持续性植物景观,多使用抗性强、观赏周期长、易于管护的乡土植物。"城、水、林、景"一体,打造具有活力的滨水新区(图5-111)。

图 5 - 109 高职园节点定位图
图片来源:作者自绘

图 5 - 110 高职园现状图
图片来源:作者自摄

(四)种植设计

通过种植垂柳、中山杉、杂种鹅掌楸、黄菖蒲、梭鱼草、木芙蓉等植物,利用绿色、嫩粉色、紫红色等色彩,使得现代城市与生态景观结合,以绿色生态引领园区发展,展现高淳四季斑斓、五彩缤纷的美(表5-27)。

图 5－111　高职园意向图
图片来源：作者自摄

表 5-27　高职园特色植物

类别	植物名称
乔木	中山杉、杂种鹅掌楸、桂花、枫杨、紫薇
灌木	木芙蓉
水生植物	黄菖蒲、梭鱼草

表格来源：作者自绘

五、交通节点——红枫寒梅

（一）具体位置

位于高淳区双高路与宁宣高速互通节点，是高淳区对外联系、交通的重要门户节点（图-112）。

图 5－112　交通节点定位图
图片来源：作者自绘

（二）景观现状

双高路与宁宣高速互通节点作为高淳对外联系的名片，具有良好的互通性。节点内部绿地的植物包含柏树、佛甲草、铺地柏等，草本与花卉类型较少，缺乏色花、色叶植物。

（三）景观建设内容

通过绿化景观，将交通环岛内外衔接为一个整体，使交通环岛与区域更加融合，同时作为门户节点进行景观展示（图5-113）。

（四）种植设计

通过种植红枫、梅花、紫玉兰、紫荆、丁香、八角金盘、红花檵木、棣棠等植物，利用粉色、嫩黄色、紫红色等色彩，体现出高淳交通门户节点浪漫精致、多彩明快的现代城市人文环境特色（表5-28）。

图5-113　交通节点意
向图
图片来源：作者自摄

表5-28　交通节点特色植物

类别	植物名称
乔木	红枫、梅花、紫玉兰、紫荆、丁香
灌木	八角金盘、红花檵木、棣棠
地被	美丽月见草

表格来源：作者自绘

5.3　水慢城绿色空间规划

5.3.1　片区特质提炼

高淳是南京实现"美丽古都"发展愿景的重要组成部分。高淳圩乡文化滨水而生、因水得名、依水而兴、因水而秀、与水共生,由水形成了多元文化的共融,丰富的古城遗迹积淀深厚的历史韵味。富于特色的圩田风光和村俗文化,形成了符合当地慢生活理念的生活特质。水慢城片区的特质一定程度上影响到三个片区共同的基调与规划,文化与生活方式的融合构成了高淳圩乡独特的"水慢文化",其规划发展对打造高淳"花慢城"也起着至关重要的作用(图5-114)。

一、湖水资源丰富

水慢城片区涵盖了高淳两大湖泊——固城湖和石臼湖,二者兼具湖面宽广、景色优美的特点,既可以用于生产生活,也可以利用其开发挖掘打造旅游目的地,发展旅游业,为周边农户创造新的收入来源。高淳的自然及人文资源恰好将石臼湖、固城湖、横溪河等高淳水脉联成一个有机整体,有助于打造带有浓厚江南水韵的乐活宜居空间(图5-115)。

二、圩田风貌历史悠久

早在十多万年以前,就有古人类在高淳这块土地上生息繁衍。高淳本身植被覆盖度高,物种丰富多样,仍保留着"三分山、两分水、五分田"传统自然生态基底[13]。而水慢城片区有着高淳绵延千年的水文化、圩田文化历史为背景,不仅湖水资源丰富还有着独特的圩田水乡风貌,是一个结合了传统圩田水乡与现代都市特征的服务型宜居片区。圩田片区内河、塘、圩田交错形成独特的水网圩区肌理,是江南地区一处独特的乡村旅游目的地。

三、村落众多,民俗独特

水慢城片区内村落众多,其较好地保留了历史沿革,形成了朴素的民风和独特的民俗,也产生了一系列非物质文化遗产,如民间武术"打水浒"等。村民因水而居,村落依水而活,从而催生出"村村有圩田,村村有特色"的村落景观。其独特的风格和深厚的历史文化积淀使得村落具有较大的旅游价值和社会价值。

水慢城片区以"千年生态乐水,万顷萦纡良田"为主题,致力于打造一个水上慢生活综合度假目的地。水慢城片区植物形态舒展,质感细腻。植物色彩以深绿色、橙黄色、红色为主,体现水乡田园的情趣。在这里,河、湖、塘、田、村形成良好的生态平衡,水在城中,城在水滨,水波荡漾,云水苍茫,渔味蟹乡,构成了"水韵高淳,会客江南"的乐活水城片区形象。

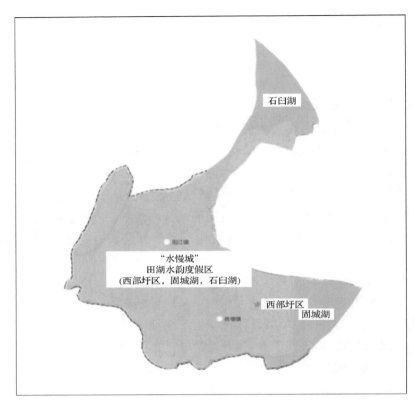

图5-114　高淳水慢城片区图
图片来源:《高淳区全域旅游总体策划》

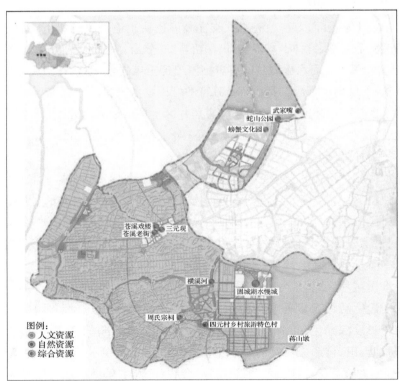

图5-115　高淳水慢城片区资源分布图
图片来源:《高淳区全域旅游总体策划》

5.3.2　生态红线约束内的特色圩田景观打造

5.3.2.1　生态红线上位规划解读

一、生态红线的定义

红线亦即底线，通常具有约束性含义，表示各种用地的边界线、控制线或具有低限含义的数字。红线最初指规划部门批给建设单位的占地面积，一般用红笔圈在图纸上，具有法律效力。后来红线广泛用于规划红线（建筑红线、道路红线）、水资源红线、耕地红线等[14]。在生态文明顶层设计中，中央使用"红线"一词，意在表明生态环境保护的严肃性与不可破坏性[15]。但目前对"生态红线"的定义尚不统一，主要观点如下：

观点一：生态红线是在自然生态服务功能、环境质量安全、自然资源利用等方面，需要实行严格保护的空间边界与管理限值，以维护国家和区域生态安全及经济社会可持续发展，保障人民群众健康。它包括生态功能保障基线、环境质量安全底线和自然资源利用上线。"生态保护红线"是继"18亿亩耕地红线"后，另一条被提到国家层面的"生命线"[16]。

观点二：生态红线是为了维护国家或区域生态安全和可持续发展，根据自然生态系统完整性和连通性的保护需求，划定的需实施特殊保护的区域[17]。

观点三：生态红线是对维护国家和区域生态安全及经济社会可持续发展具有重要战略意义，须实行严格管理和维护的国土空间边界线[18]。

从上述观点可以看出：生态红线大概可以包括范围边界线和管理控制线两类，并且它们有着3个共同的特征：

其一，划定生态红线的目标是为了维护国家或区域生态安全和可持续发展。

其二，生态红线的实施途径均强调重要生态功能区以及生态敏感区和生态脆弱区的保护。

其三，强调保护的严格性，红线即是底线。

综合上述观点，笔者认为：生态红线是指对维护国家和区域生态安全及经济社会可持续发展，在提升生态功能、保障生态产品与服务持续供给必须严格保护的最小空间范围。划定生态红线是维护国家生态安全、增强区域可持续发展能力的关键举措，建立生态保护红线制度是保障生态红线不被逾越的基础和根本性保障[19]。

二、生态红线的划定

划定生态红线、建立生态保护红线制度作为生态环境管理的重要手段，环保部、水利部、国家林业局、国家海洋局等国家部门和江苏省等地方政府均对其开展了大量研究和实践。

（一）环保部生态红线实践

环保部高度重视全国生态保护红线划定工作。2012年3月开始，环保部组建技术力量研究全国生态红线划定工作。2013年，提出了构建以生态功能红线、环境质量红线和资源利用红线为核心的国家生态保护红线体系。2014年1月，环保部印发的《国家生态保护红线——生态功能基线划定技术指南（试行）》，成为我国首个生态保护红线划定的纲领性技术指导文件。之后，环保部将完成全国生态保护红线划定任务，继续深化试点省份生态功能红线工作[19]。

（二）水利部三条红线实践

水利部实施最严格水资源管理制度的核心内容就是建立3条控制红线和4项制度，即确立水资源开发利用控制红线，建立用水总量控制制度；确立用水效率控制红线，建立用水效率控制制度；确立水功能区限制纳污红线，建立水功能区限制纳污制度；并建立水资源管理责任和考核制度[18]。这一制度明确制定了全国水资源一级区和各省水资源"三条红线"的具体目标、考核方式以及操作规范，为水资源综合管理的实践指明了方向并确立了重点。

（三）地方政府生态红线实践

各级地方政府在生态红线实践中也开展了积极探索，并在环境保护、区域生态保护、水资源保护等方面进行开发应用。

2013年8月，江苏省发布《江苏省生态红线区域保护规划》，全省划定15类（自然保护区、风景名胜区、森林公园、地质遗迹保护区、湿地公园、饮用水水源保护区、海洋特别保护区、洪水调蓄区、重要水源涵养区、重要渔业水域、重要湿地、清水通道维护区、生态公益林、太湖重要保护区、特殊物种保护区）生态红线区域，占全省面积的22.23%。该规划对生态红线区域作出了分级管理的规定，将生态红线区域的管控划分为一级管控区和二级管控区。一级管控区是生态红线的核心，必须实行最严格的管控措施，严禁一切开发建设；二级管控区以生态保护为重点，实施差别化的管控措施，严禁有损主导生态功能的开发建设活动[18]。

表 5-29　南京市生态红线区域名录（高淳区部分）

红线区域名称	主导生态功能	红线区域范围	
		一级管控区	二级管控区
大荆山森林公园	自然与人文景观保护		位于高淳区东北部,东临溧阳市,西接溧水区晶桥镇
江苏游子山国家森林公园	自然与人文景观保护	高生态敏感区和部分中生态敏感区为一级管控区	含游子山区块、三条垄区块、花山区块,游子山和三条垄区块相连
迎湖桃源风景名胜区	自然与人文景观保护		位于高淳区东南部,阳江镇永胜圩内
石臼湖（高淳区）风景名胜区	自然与人文景观保护		位于高淳区北部,江苏省和安徽省交界处
瑶池风景名胜区	自然与人文景观保护		范围为遮军山—小穆家庄—李家庄—瑶宕—宕宕凹—遮军山所围合的区域
龙墩湖风景名胜区	自然与人文景观保护		包括龙墩河水库的全部水面及岸边 200 m 以内的陆域范围
高淳固城湖水资源自然保护区	水源水质保护	自然保护区核心区和缓冲区	自然保护区实验区
固城湖饮用水水源保护区	水源水质保护	一级管控区为一级保护区,范围为:以取水口为中心,半径 500 m 范围内的水域范围和取水口侧正常水位线以上 200 m 的陆域范围	二级管控区为二级保护区,范围为:一级保护区外的整个水域范围和一级保护区以外,外延 3000 m 的陆域范围(县城区域、开发区规划区域及固城镇街镇范围除外)
花山生态公益林	水源涵养	包括高淳监狱,固城镇桥头、花联、蒋山、九龙、前进村等,以及固城湖畔以花山林区为主的水土保持林、水源涵养林	
付家坛生态公益林	水源涵养		东与安徽郎溪交界,南至安徽郎溪新村,西至东坝栗树滩、六房头,北至东坝施家

（续表）

红线区域名称	主导生态功能	红线区域范围	
		一级管控区	二级管控区
砖墙镇水乡慢城保护区	自然与人文景观保护		范围为横溪河、砖墙河及港口河三大水系合围的区域,主要包括秦仙圩和保胜圩
国际慢城桠溪生态之旅保护区	自然与人文景观保护		东至溧阳,西至漆桥镇,北至溧水,南至青山茶场,包括穆家庄村、瑶宕村、蓝溪村、桥李村、荆山村、跃进村6个行政村区域范围
南京固城湖省级湿地公园	湿地生态系统保护	固城湖饮用水水源保护区一级保护区	西以丹阳湖南路和南湖干路为界,北以湖滨路为界,南以固城湖堤为界
固城湖中华绒螯蟹国家级水产种质资源保护区	渔业资源保护		范围为固城湖北部的永联圩畔
水阳江洪水调蓄区	洪水调蓄		水阳江水体至两岸堤脚

表格来源:作者根据《南京市生态红线区域名录》资料自行整理

5.3.2.2 生态红线背景下的圩田景观

一、生态管控带来建设约束

2013年8月,江苏省发布《江苏省生态红线区域保护规划》,全省划定15类生态红线区域并对生态红线区域作出了分级管理的规定,将生态红线区域划分为一级管控区和二级管控区。一级管控区是生态红线的核心,必须实行最严格的管控措施,严禁一切开发建设;二级管控区以生态保护为重点,实施差别化的管控措施,严禁有损主导生态功能的开发建设活动[18]。这些规定在保护了自然资源和生态环境的同时也在一定程度上限制了地区的开发建设,尤其在一级管控区,开发受到严格的禁止,阻挡了部分建设者于此开发旅游业等的经济性目的;二级管控区的差别化管控,也给开发建设道路设置了一个小关卡,使开发人员在利用自然资源时受到约束,不得毫无节制。这些约束是时代发展进步的体现,它们给人以警醒,使人清醒地认识到尊重自然的重要性,也让人与自然的和谐关系向前迈出了一大步。

二、生态红线引发圩田改造

《生态保护红线管理办法(暂行)》(征求意见稿)第三章中提出:在不违背法律法规和规章的前提下,生态保护红线内允许开展以下人类活动:生态保护修复和环境治理活动;原住民正常生产生活设施建设、修缮和改造;符合法律法规定的林业活动;必要的河道、堤防、岸线整治等活动,以及防洪设施和供水设施建设、修缮和改造活动。

而圩田景观恰好能够适应洪涝灾害、不断协调发展。譬如圩堤保护土壤养分免受雨水冲刷,促进农业生产[20];同时圩田作为次生湿地,是众多动植物的栖息地;经济树种的选种还能为居民提供额外经济收入,同时树种根系具有固土功能,能保护圩堤免受雨洪侵蚀[21];圩田保障了圩区居民的安全,同时圩区居民又自发地维护圩田,在抗旱御涝的紧要关头,会自发形成临时性的团体,合力修茸圩堤以御水旱[22]。对于自然而言,物质与能量在格局中的高效流动保证了生态系统功能的实现[23];对于人类而言,切身的利害关系又驱使人类自觉成为系统的维护者。

圩田土地的主体功能是农业生产,经营土地的宗旨是获得稳定、可观的收成;圩区新城建设转变了土地利用方式,意味着土地的生产功能弱化,转而成为新城居民"生态—生产—生活"的三生空间。在全球环境恶化、极端气候频发的大背景下,土地经营应能促进土地可持续,使人类系统与生态系统得以长期健康共处,通过对环境施加积极正向的影响,追求高效生态系统服务[24]。

圩田系统对于传统社会体系的影响体现在社区聚落形态、风俗文化和管理体制等方方面面。聚落形态方面,由于圩堤地势高、能避水患,圩区居民往往"绕堤而居",郭巍在研究萧绍圩区时指出,存在孤丘聚落、塘堰聚落和溇港聚落 3 种聚落体系[25],反映出圩区居民借地利、尽人力争取生存空间的发展脉络;风俗文化方面,安徽巢湖周边圩区的居民如今还会将坟冢设置于圩堤之上。

5.3.2.3 圩田景观打造

"圩田是一种在浅水沼泽地带或河湖淤滩上通过围堤筑圩,围田于内,挡水于外;同时,围内开沟渠,设涵闸,实现排灌的水利田"[26]。"圩"其本身指的是低洼地区为挡水形成的堤及障碍物,最初位于湖区及江岸两侧,随着围垦开发逐渐向周边的平原、丘陵地带延伸。地势的差异以及水位的变化都给这类地区的水网调控带来影响。因此,圩田地区的水利工程设置就显得尤为重要,圩内有河渠,圩外有较为完善的灌溉和防洪体系。圩堤的高度要考量历史水位高度,才能有效隔绝内水与外水,保障圩内田地与聚落的安全[27]。

圩田在我国分布较为广泛,但各地称呼不同,两淮及江南东、西路称"圩田",浙西路称"围田",浙东路称"湖田",两湖平原乃至长江中游地区称"垸田",另有的地区称"院田""垣田""柜田""坝田"等。圩田起源于中国古代农民发明的改造低洼地、向湖争田的造田方法。春秋时,人们已利用造堤来防治洼地。吴国在固城湖畔筑圩,越国在淀泖湖滨围田。这些水利田开发程度不同,如"围田"属较低级的自发式开发;"柜田"规模较小;"圩田"则体现了较高的农业技术含量,可与灌溉系统有机配合等,但它们都具有筑堤围田的特征,故统称"圩田"[28]。圩田的基本营造方法是:在浅水沼泽地带或河湖淤滩上围堤筑坝,把田围在中间,把水挡在堤外;围内开沟渠,设涵闸,有排有灌。圩堤多封闭式,亦有其两端适应地势的非封闭式。

在圩田景观研究方面,国内的研究主要着力于圩田景观形态、土地利用模式及功能的分析,如侯晓蕾、郭巍的《圩田景观研究——形态、功能及影响探讨》[28]。这些研究也在一定程度上为高淳区的圩田景观打造提供了理论指导。

一、高淳区圩田现状

(一)现有条件——水网密布,作物丰富,蕴含江南水乡韵味

高淳区现有圩田有永丰圩、相国圩、永胜圩等,周边多为水系环绕,以水上交通为主。圩田主要利用湖滩地的肥沃土质与丰富的水体资源来种植作物。高淳区当地植被多为经济作物和防护林,主要特色及作物包括水生作物、油菜花、螃蟹、青虾等,以及防护林、风水林、宅旁园内人工栽植植被等,物产多样丰富;植被结构简单,以小乔木、灌草为主,林冠线起伏不大,水生植物景观丰富。但圩田养殖等产业对自然植被的破坏较大,或多或少带来了一些生态问题。小、微水体水质堪忧,污染农田,外来物种入侵水域现象较为普遍。因此高淳区积极响应退圩还湖政策,圩田面积有适当地减少。

(二)圩田类型

高淳圩田因其自身性质分为参与性圩田和非参与性圩田,根据功能又分为以生产为主的圩田和以景观为主的圩田(图5-116)。

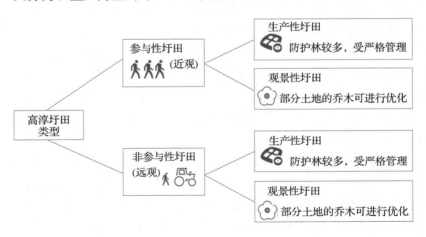

图5-116　圩田分类
图片来源:作者自绘

（1）参与性圩田

参与性圩田即人可进入其中近距离欣赏或与之发生互动的圩田类型。这一类型的圩田在近些年因乡村开始优化升级改造才逐渐发展起来，其目的是吸引更多人前来观赏驻足，以此开展旅游业等产业，带动经济发展的同时让更多人了解乡村文化及民间传统。

参与性圩田主要种植的作物为一些便于维护管理、成本较低且不易死亡、花果具有观赏价值的植物，如成片的油菜花等。这类圩田虽允许人的参与，但也要做好保护措施，提醒游客小心行走以免破坏作物，必要时可以专门在田间开辟小径供人行走。

（2）非参与性圩田

非参与性圩田指可供人远观或在车内观赏，不能身临其中与之互动的圩田类型。这类圩田较之参与性圩田有着更严格的管理制度，通常是一些生长条件不便于游客行走其中的作物，如水稻；或者经济价值高、关系到村民收入的作物。这种情况下，人们驾车远观或是在周边步行，感受乡村的诗情画意是最好的选择。

（3）生产性圩田

圩田常常具有很高的生产能力，是一种高效的复合农业生产模式。《戒庵漫笔》曾记载太湖常熟圩区的谭氏兄弟通过筑堤、开河、挖池等处理，把圩田划分为六区，进行分级分区综合利用的案例，其农业种植收入是普通农田的 3 倍，而副业收入又是农田种植收入的 3 倍。生产性圩田与村民的生活息息相关，村民靠收获作物维系生活，而生产性圩田正是农作物肆意生长的乐土。因此这类圩田会进行严格管理，防护林也较多，作物种类根据当地气候条件及人们的饮食习惯而定。

（4）观景性圩田

观景性圩田是河网地区的特色农业景观，是低洼地区乡土文化景观的典型代表。首先，圩田景观是当地人为了更好地生存而采取的土地利用方式，这种改造利用通常是以维护土地和自然过程的健康连续为前提的，它是属于土著居民的地域景观。因此圩田景观是水网地区人类社会与自然环境和谐发展的典范，具有很高的乡土文化价值。另外，圩田景观具备很高的农业美学价值。与纯艺术性的审美标准不同，作为一种农业景观，圩田模式的美学价值并不完全由外在形式美所决定，而在于圩田水岸交错的外在形式是以真实的生产功能为基础的。这种由功能外化于形式的美感是圩田美学价值的所在，也是其作为生存艺术的体现[29-31]。

二、圩田景观边界设计

高淳的圩田与乡村、水系、林地和山地相接,不同的边界要素构成高淳不同文化氛围的圩田景观(图5-117)。

(一)圩田与水系

圩田与水系相接,水资源富足且形成良好的观景空间,但水系融入圩田,缺乏一定的辨识度及流向感。对此,可以打造圩田景观带,运用乡土水生植物、农作物等美化打造乡土化、生态化圩田景观,运用古法修复水乡滨水空间。

(二)圩田与乡村

片区内现有乡村建筑与圩田景观过渡生硬。可选择利用西部地区特有的水网肌理,结合周边环境,建设高淳特有的水上、水滨传统的水乡建筑。运用自然材料、废弃材料结合传统手工艺改造乡村景观,利用天然石材铺设田间小路、田埂,形成与圩田间的过渡。

注重水生植物选择,烘托圩乡独特的景观,通过水生植物的搭配,融洽圩田与村庄边界景观;利用亲水经济作物在田边水旁合理搭配,增加经济效益的同时,美化田埂景观。

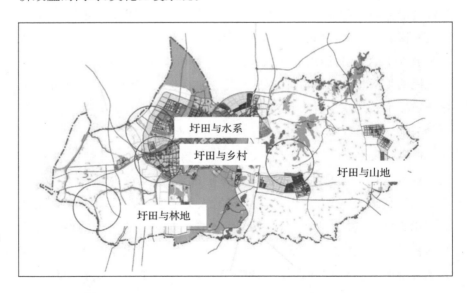

图5-117 圩田景观边界现状分类
图片来源:作者自绘

(三)圩田与林地

圩田边界零星分布的生态公益林、90年代遗留防风林网已经有衰退,部分乔木已经老化。对此,需要选择生长优良,适应性强的树种,并且需要对水慢城经济作物进行调研、筛查,确定景观与经济效益俱佳的植物名录,搭配种植,丰富绿化配置模式,在强化地域特色与景观表达的同时,增强防护林的保护作用。

（四）圩田与山地

山地与圩田之间的中下层植物仅为茶树,茶树与裸露土地之间缺少过渡。选择经济作物,强化地域特色与景观表达是缓解或解决这一现状的高效手段,建设者需要了解并确定水慢城适宜种植的植物与作物,更加高效地完成植物的选择与栽植;增加彩色化植物,注重景观季相变化,多使用彩叶花卉植物,为高淳绿地景观添彩,丰富高淳水慢城色彩;利用彩叶乡土树种,打造高淳四季有景可观的圩田山地边界景观。

三、圩田内部景观设计

圩田地区的每个地块都有其特殊的模式语言,这种模式语言可以通过圩田景观来进行描述,而形态研究可以作为分析景观系统的媒介（表5－30）。

代尔夫特理工大学基于对圩田景观进行的可视化研究来解读相关信息。研究包含从整体的地区性尺度到细微的花园尺度,综合了圩田景观的系统特征以及区域空间形式,也关注形成特殊景观形态背后的原因。其系统结构主要包含四个部分:自然景观,排水技术,建造技术以及聚落形态[32]。北京林业大学的侯晓蕾和郭巍教授在对荷兰地区圩田研究进行理解的基础上,对圩田景观进行定义:圩田景观可以理解为多个系统的立体叠加,底层为自然系统,中间是基于自然系统并结合水利系统模式所形成的农业系统,上层为源于农田利用模式的聚落系统。下一级系统为上一级提供背景基础,共同作用下形成了地区特殊的圩田景观形式[33]。

表 5-30　圩田内部景观设计

圩田性质	现状	设计主题	设计策略
参与性生产圩田	在 3～4 月油菜花季结束之后，由于缺少其他中下层植被景观补充，暂时无植物色彩优势，圩田植物景观缺少特色和吸引力	手抚波浪，花明燃梦	增加秋季精致性与整体性兼具的观赏草或呈线性形态的灌木，与稻浪、花浪和水浪的形态相互呼应。强调"生产""收获"的主题

时间	1月	2月	3月	4月	5月	6月	7月	8月	9月	10月	11月	12月
特色植物		迎春	水稻、油菜、青蒿				波斯菊		地肤草			

圩田性质	现状	设计主题	设计策略
参与性观景圩田	油菜花季结束后，植物景观色彩较为单一，观赏性植物较少，未形成规模	足下生花，姹紫嫣红	以原有的沿路粉色的波斯菊奠定色彩基调，增加夏、秋季节的具有田间特色的观花、观果草本或灌木，如八仙花、木芙蓉等。且这类植物的花形、叶形较大，具有较突出的景观效果

时间	1月	2月	3月	4月	5月	6月	7月	8月	9月	10月	11月	12月
特色植物		油菜花、阿拉伯婆婆纳			八仙花、蒲公英、波斯菊			八仙花、麦冬、木芙蓉		牵牛		

圩田性质	现状	设计主题	设计策略
非参与性观景圩田	除了经济作物外，分割圩田的植物景观略显杂乱单一，缺少一些具有景观性的中下层植物作为四季景观的补充。突出稻田景观的悠然开阔	田间彩带，四时点缀	田埂中下层增加成片的季相变化丰富的灌木景观，建议种植连片生长的观花植物，提升观景圩田边界的色彩的丰富度和圩田的层次感，打造眺望角度的多彩景观

时间	1月	2月	3月	4月	5月	6月	7月	8月	9月	10月	11月	12月
特色植物	迎春	紫花地丁		黄菖蒲		波斯菊		石蒜		南天竹		

圩田性质	现状	设计主题	设计策略
非参与性生产圩田	田边界的中下层植物长势凌乱，色彩单调，缺少特色	粉紫鹅黄，四季生机	利用原场地的牵牛、矮牵牛等自由生长、维护成本低的爬藤植物，对圩田四周的围栏进行点缀，并适当遮挡一些缺乏景观特色的田埂

（续表）

时间	1月	2月	3月	4月	5月	6月	7月	8月	9月	10月	11月	12月
特色植物	迎春			矮牵牛		牵牛		牵牛、矮牵牛、黄金菊、金鸡菊、橘色波斯菊等			细叶芒	迎春

村庄	乡村建筑与圩田景观过渡生硬　　　　　　缤纷花果	通过色彩丰富的观花或观果灌木,柔化田园与房屋的边界,营造赏花食果的乡村生活氛围

时间	1月	2月	3月	4月	5月	6月	7月	8月	9月	10月	11月	12月
特色植物	蜡梅		桃、垂丝海棠(粉花)、紫叶李(白花)		楝树	龙葵	蓝莓		火棘	柿	银杏	蜡梅

水系	水系融入圩田,缺乏一定的辨识度及流向感　　　　水绿荡漾	在小水体的水岸边选择在秋冬依然能保持绿叶景观的植物。植物花色应淡雅,与稻田色彩和谐统一,植物形态应纤长舒展,体现滨水景观特色

时间	1月	2月	3月	4月	5月	6月	7月	8月	9月	10月	11月	12月
特色植物	迎春		线叶绣线菊		香蒲	水芹、花菖蒲		芋头				

林地	圩田边界零星分布的生态公益林、90年代遗留防风林网已经有衰退,部分乔木已经老化　　红色林带	通过养护手段,恢复中山杉、东方杉等景观效果较好的树种的树势,并对老化的、景观效果较差的树种进行替换补植,将林带重新连成一片。推荐秋冬能够观叶、观果的乡土色叶树种,如山核桃、柿树、李树等

时间	1月	2月	3月	4月	5月	6月	7月	8月	9月	10月	11月	12月
特色植物	中山杉、东方杉		紫叶李						山核桃、柿树		中山杉、东方杉	

山地	山地与圩田之间的中下层植物仅为茶树,茶树与裸露土地之间缺少过渡　　映山繁花	通过设置丰富草本和灌木群落,营造山脚四时多彩的生态景观

时间	1月	2月	3月	4月	5月	6月	7月	8月	9月	10月	11月	12月
特色植物	茶花		阿拉伯婆婆纳	杜鹃、杜衡		梓木草		紫菀		南天竹		

表格来源:作者自绘

（一）参与性生产圩田

现阶段，参与性观景圩田植被色彩单一，圩田植物景观缺少特色和吸引力。由于缺少其他中下层植被景观补充，在3～4月油菜花季结束之后，暂时无植物色彩优势。针对此现状所提出的改造措施是以"手抚波浪，花明燃梦"为设计主题，增加秋季的精致性与整体性兼具的观赏草或呈线性形态的灌木，与稻浪、花浪和水浪的形态相互呼应，体现"生产""收获"的设计思想（图5-118）。

此类圩田主要以特色农产品的生产加工及售卖为主。若是参与性的生产水田，可以结合耕作、农产品的加工烹饪或水产捕捞等活动来对农田进行旅游开发。

春季，迎春、水稻、油菜、青蒿是这里的特色植物，金色的花海和绿油油的稻田景观可以给游客提供一个亲近田桑、感受大自然的好机会，同时也是村民们主要收入来源之一。夏季的波斯菊、秋季的地肤草也为这里的景色增添一抹光彩。

**图5-118　参与性生产
圩田意向图**
图片来源：作者自绘

（二）参与性观景圩田

此类圩田现状与参与性生产圩田相似，在油菜花季结束后，植物景观色彩较为单一，观赏性植物较少，未形成规模。采用"足下生花，姹紫嫣红"的主题定位，以原有的沿路粉色的波斯菊奠定色彩基调，增加夏、秋季节的具有田间特色的观花、观果草本或灌木，如八仙花、木芙蓉等，且这类植物的花形、叶形较大，具有较突出的景观效果。

参与性观景农田集中分布的地区可以开发大面积的田园景区或体验区；对于先天土壤、水利条件不佳的中低产田进行适宜的景观开发与植被生态修复；乡土体验活动的开发是基于原农业生产技术和智慧、乡土生活生产场景及农作物本身的特色挖掘而来，以维护并展示原本的生活场景与公共活动。

春季，金黄的油菜花和蓝色的阿拉伯婆婆纳是值得一看的景观。阿拉伯婆婆纳开的小花是一种幽幽的蓝色，密密扎扎的在绿叶间，由于实在是太小，是那样的不引人注目，但这蓝色是那样的纯净，成片种植看起来很像草地中卧着的蓝色萤火虫；春天时的绿叶也是茸茸的，瘦怯怯的娇嫩。夏季的八仙花、波斯菊将圩田景观装点得生机勃勃，秋季木芙蓉、麦冬、牵牛的盛开抹去了人们心中对秋萧瑟的印象，三种形态色彩不同的花交相辉映，形成视觉享受。

（三）非参与性观景圩田

非参与性观景圩田除了经济作物外，分割圩田的植物景观略显杂乱单一，缺少一些具有景观性的中下层植物作为四季景观的补充，并突出稻田景观的悠然开阔。

此类农田需要因地制宜，由于是非参与性农田，景观效果以远眺为主。建议根据耕地的土壤、地势、小气候等条件发掘适宜的特色主题植被，营造具有较强冲击力的大地景观。

改造方案是以"田间彩带，四时点缀"为主题，田埂中下层增加成片的季相变化丰富的灌木景观，建议种植连片生长的观花植物，提升观景圩田边界色彩的丰富度和圩田的层次感，打造眺望角度的多彩景观。

（四）非参与性生产圩田

非参与性生产圩田以远观为主，最大限度地保护原有的生态环境、农耕技术并维持其土壤和水利环境、作物产量与农耕文化，通过延伸主路结合圩田远景进行乡土道路与田边围墙的特色景观美化，展示高淳的特色农耕总体景观；通过保护非参与性的耕地，最大限度地保护承担了主要农业生产力的优良农田，避免旅游开发及大量游客的进入对农田生态环境与生产力造成的影响，主要对其周边的围栏、道路进行主题植被美化（图5-119）。

现阶段非参与性生产圩田田边界的中下层植物长势凌乱，色彩单调，缺少特色，可以利用原场地的牵牛、矮牵牛等自由生长、维护成本低的爬藤植物，对圩田四周的围栏进行点缀，并适当遮挡一些缺乏景观特色的田埂，体现"粉紫鹅黄，四季生机"的设计主题。

（五）村庄

乡村建筑与圩田景观过渡生硬，因此需要通过植物种植的方式柔化边界，采用色彩丰富的观花或观果灌木，以"缤纷花果"为设计主题，模糊田园与房屋的边界，营造赏花食果的乡村生活氛围，既经济又美观（图5-120）。

图 5-119　非参与性生产圩田意向图
图片来源:作者自绘

　　春季,桃花、垂丝海棠、紫叶李争奇斗艳;夏季,龙葵、蓝莓为特色植物,既可以观果又可以采摘食用;秋季,火棘、柿子、银杏,红色黄色相映成趣,高处金色满天,低头硕果累累,是丰收的季节;冬季虽然可供观赏的植物不多,但蜡梅飘香十里,足以弥补视觉上的些许枯燥。

图 5-120　村庄意向图
图片来源:作者自摄

（六）水系

　　水系融入圩田,缺乏一定的辨识度及流向感。改造以"水绿荡漾"为主题,在小水体的水岸边选择在秋冬依然能保持绿叶景观的植物。开花植物选择花色淡雅的、能够与稻田色彩和谐统一的,植物形态纤长舒展,体现滨水景观特色。植物除了迎春、绣线菊、花菖蒲、香蒲这样的观赏植物,还有芋头、水芹之类的特色农作物,在特定季节具有观赏价值的同时也能给当地带来经济收益(图 5-121)。

图 5-121 水系意向图
图片来源:作者自摄

（七）林地

圩田边界零星分布的生态公益林、90 年代遗留防风林网已经有衰退,部分乔木已经老化。改造设计致力于打造红色林带,通过养护手段,恢复中山杉、东方杉等景观效果较好的树种的树势,并对老化的、景观效果较差的树种进行替换补植,将林带重新连成一片。推荐秋冬能够观叶、观果的乡土色叶树种,如山核桃、柿树、李树等(图 5-122)。

图 5-122 林地意向图
图片来源:作者自摄

（八）山地

山地与圩田之间在现阶段缺少茶树与裸露土地之间的过渡,中下层植物仅为茶树,因此改造将以"映山繁花"为主题,通过设置丰富草本和灌木群落,营造山脚四时多彩的生态景观。场地内现有的茶花作为冬季及冬春交替时的主要特色植物,配有满地星星点点的阿拉伯婆婆纳,丰富植物层次;春夏季,采用杜鹃、杜衡、梓木草、紫菀营造清新自然的下层植被景观;秋冬季节,南天竹的红果与含苞待放的茶花形成不错的景观(表5-31)。

表 5-31　特色植物列表

植物品种	植物观赏期	性质
迎春	2—3 月	观赏植物
油菜花	3—4 月	农作物
菱角	3—8 月	农作物
杜鹃	4—5 月	观赏植物
水稻	4—10 月	农作物
矮牵牛	4 月至霜降	观赏植物
紫色鸭跖草	5—9 月	观赏植物
花菖蒲	6—7 月	观赏植物
水芹	6—7 月	农作物
八仙花	6—8 月	观赏植物
高粱	6—9 月	农作物
荷花	6—9 月	观赏植物
芋头	6—9 月	农作物
牵牛	6—10 月	观赏植物
石蒜	8—9 月	观赏植物
火棘	8—11 月	观赏植物
山核桃	秋	农作物
柿子	秋	农作物
中山杉	秋冬	观赏植物
东方杉	秋冬	观赏植物
蜡梅	11—次年 3 月	观赏植物
紫叶李	全年	观赏植物

表格来源:作者根据资料整理

圩田片区场地多样,植物种植应顺应场地特色,采用农作物、滨水植物、草本植物、灌木、乔木相结合的种植方式,形成四季景观。其中,农作物的观赏时间主要集中在春夏秋三个季节,草本植物也是如此;而滨水植物多盛放于夏秋两季;灌木则全年具有观赏性;秋冬时期景观性主要表现在乔木与灌木的组合。

5.3.3　花园廊道规划

5.3.3.1　廊道概况

一、长廊分类

（一）滨河风光廊

滨河风光廊沿城市河流打造,主要包括石固河风光廊、圩田菱香风光廊、官溪芦影风光廊和十里水杉风光廊南段。这些风光廊依托水慢城独特的圩田景观而设计打造,是水乡慢生活的景观体现。

（二）滨湖风光廊

滨湖风光廊是沿固城湖、石臼湖两处高淳景观门户打造,主要包括湖光桃源风光廊和十里水杉风光廊北段。其利用湖景及湖岸的人文景观,打造景观面开阔的滨水廊道,充分展现高淳当地的景观特色。

二、廊道景观现状问题及对应策略

（一）硬质驳岸过多

目前廊道硬质驳岸较多,道路与水面间由护栏围挡,边界感强烈,缺少水生植物柔和水陆边界（图5-123）。对此,廊道规划设计可采取种植挺水植物的方式对硬质驳岸进行一定的遮挡,模糊边界感,增强水陆间的连续性。

图5-123　驳岸现状
图片来源:作者自摄

（二）水岸边植物层次较为单一

部分水岸边仅有单层草本或单层乔木,缺少植物群落的营造,忽略了植被的搭配衬托,景观层次较为单一（图5-124）。对此,在进行种植设计时,可丰富植物竖向空间与植物种类,增加景观效果。

图 5-124　水岸边植物
现状
图片来源:作者自摄

图 5-125　植物生长现状
图片来源:作者自摄

（三）植物景观季相变化较弱

现存廊道景观植物季相变化单一。首先,现存植物春夏季较为丰富,秋冬的观赏性植物有所欠缺;其次,现存植物多为绿色植被,植物景观色彩单一,缺少季节性开花植物和色叶树种,四季景观没有亮点。对此,后期改造时可适当搭配色叶植物,尤其是秋冬极具观赏性的色叶植物,如南天竹、柿树、中山杉等,由此丰富植物季相变化,以达到四季皆有景可观的效果。

（四）植物种植混乱,生长粗放

现阶段廊道植物景观缺乏一定的统一维护与管理,使得植物生长粗放、毫无章法,美观性下降。对此问题,设计者可调研并梳理现有植物群落,充分了解其生长情况以及生长环境,保留部分原有植被,同时也需要增加部分特色树种,完善植物搭配,使廊道的特点得以突出体现。

5.3.3.2　廊道总体规划

一、规划原则

充分了解并利用水慢城圩田、河道、固城湖、石臼湖等自然景观资源,选取景观价值大的实施地点,连接水资源与临水村庄,打造独具特色的主题滨水生态景观廊道。滨河风光廊依托水慢城独特的圩田景观,是水乡慢生活的景观体现;滨湖风光廊利用湖景及湖岸人文景观,打造景观面开阔的滨水廊道。

二、选址定位

（一）石固河风光廊

北连石臼湖、南接固城湖的景观带，是高淳未来规划改造的重中之重，是以高淳"水八仙"为主题进行规划设计的滨河风光廊。

（二）湖光桃源风光廊

为"两横三纵"生态廊道结构中的"一纵"，石固河—固城湖西岸线，是固城湖面向花山的景观面。

（三）圩田菱香风光廊

是位于次级生态廊道中狮树河、砖墙河两岸的生态廊道，其圩田景观丰富。

（四）官溪芦影风光廊

为"两横三纵"生态廊道结构中的"一横"，塘沟河—官溪河段风光廊，其萦绕于圩田之中，是水乡自然特性的充分表达。

（五）十里水杉风光廊

契合"一环"生态景观环中的水阳江段，延伸至石臼湖，是高淳北部重要的景观岸线（图5-126）。

三、设计要点

（一）运用乡土树种，打造四季景观

由于高淳区拥有浓厚的地方特色，选择生长优良、适应性强的乡土树种及当地的经济树种进行种植培养应是打造廊道景观的最好选择。与此同时，搭配彩叶树种及有季相变化的植物，突出四季植物景观的多彩，以形成"虽四时之景不同而乐无穷"的植物景观。

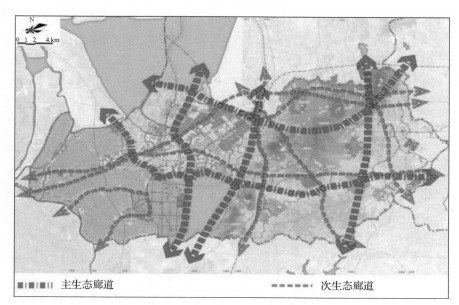

图5-126 高淳区"一湖两横三纵"生态廊道
图片来源：《高淳区全域山水林田湖草系统保护与整治规划（报批稿）》

（二）特色植物为主，营造休闲廊道

廊道依托水慢城优越的地理条件并合理利用其丰富的水资源，从而能够使水生植物和陆生植物有机结合并完美融合，共同构成兼具美观性与生态性的良好驳岸景观，打造滨水田园风光廊道，展现高淳的水韵田园风光。

（三）打造亲水生态景观，涵养保育水源

岸边运用挺水植物、沉水植物和浮水植物共同作用形成丰富的水生植物群落。水生植物受阳光照射产生光合作用从而释放出氧气供水中的鱼类呼吸，同时水生植物可以吸收水中的二氧化碳。沉水植物整个植株沉入水中，具发达的通气组织，利于进行气体交换，会吸收水体中的营养物质，包括氮、磷等，对缓解水体富营养化起到积极作用。草食性鱼类生长在有沉水植物的敞水区的中、下层，以苦草、轮叶黑藻、眼子菜等沉水植物为食。由此可知，水生植物既可以起到涵养水资源、减轻水体污染的作用，也可以吸引各类动物、微生物，增加物种多样性，形成生态滨水长廊景观。

（四）花海圩田相融，打造多彩田园

西部水慢城中阳江镇、砖墙镇周边多为农田，改造致力于使农田与水、林、花海有机相融，相互穿插，打造大面积多彩田园廊道。

5.3.3.3　廊道景观详细规划设计

一、石臼湖南岸风光廊

（一）具体路线

廊道走向为圩田区—砖墙河—横溪河—狮树河。固城湖东有花山、九龙山依衬，西有永丰圩、相国圩拱卫，湖水清澈，碧波荡漾，湖岸风光旖旎。

（二）控制线范围

北侧以团固线至湖面为控制区，南侧以团固路南 50 m 左右范围为控制区。

（三）主要建设内容

石臼湖南岸风光廊应重视高淳本土野花野草的利用，充分利用现有自然资源，以千屈菜、花菖蒲为主题植物，沿线打造大面积彩色花带，形成生态自然、观感丰富的湖岸景观，为天空之镜增添新风采。

二、固城湖北岸风光廊

（一）具体路线

固城湖北岸风光廊位于固城湖西岸，北接高淳城市，西连迎湖桃源旅游度假区和乡村圩田风貌区，东与花山风景区隔湖呼应，是西部片区游客较多、风光独特、有旅游基底的道路。

（二）控制线范围

廊道北侧控制堤岸以外 50 m，南侧水面绿化控制 20～50 m 范围。

（三）主要建设内容

固城湖北岸风光廊现阶段需要增加生态效益强、景观效果好且经济适用的植物，注重水生植物的选择，以香蒲、花叶芦竹为主题植物，突出地方植物的水体治理、水源涵养功能。在此前提下，为在其本身的基础上进一步提升核心吸引力，还需打造高淳主题性植物景观，强调植物的经济价值和生态效益（图 5-127）。

三、湖光桃源风光廊（固城湖西岸—迎湖桃源旅游度假区）

（一）具体路线

廊道走向为固城湖西岸—迎湖桃源旅游度假区一线，有较好的景观基础。

（二）控制线范围

圩田段以湖岸道路红线或蓝线东扩 10～30 m 为控制线，村庄段可根据村庄道路或沿湖开发空间情况而定。

（三）主要建设内容

湖光桃源风光廊，顾名思义，选取碧桃为主要特色植被，围绕固城湖畔及湖东岸的山体形成标志性植物景观湖光桃源，配合种植桃花、垂柳等主题植物，营造落英缤纷、桃花随水的浪漫春景，打造季节鲜明的植物景观。

（四）植物特色

围绕固城湖畔及湖东岸的山体种植桃花，营造落英缤纷的浪漫春景。植物色彩以粉色、白色和紫色为主（表 5-22）。

图 5-127 湖光桃源风
光廊意向图
图片来源：作者自摄

表 5-32   湖光桃源风光廊特色植物

类别	植物名称
乔木	碧桃、垂柳
灌木	迎春、女贞
地被	红花酢浆草、阔叶山麦冬
水生植物	香蒲、鸢尾、水葱

表格来源：作者自绘

四、圩田茭香风光廊

（一）具体路线

圩田茭香风光廊由圩田区开始，经过砖墙河、横溪河最后结束于狮树河。其位于狮树河、砖墙河两岸生态廊道，圩田景观丰富，具有良好的乡村风光与气氛。

（二）控制线范围

控制线应适当扩大，以主要水道为轴，以保留现状生产性绿化为原则，两侧各对 50～200 m 范围进行绿化控制。

（三）主要建设内容

圩田茭香风光廊的建设需注重美化田埂景观，增加野花野草和经济作物的种植与利用。以茭白为主体植物，将茭白与圩田结合，利用交错河道种植，以便开展游船采茭的活动。

（四）植物特色

以茭白为主体植物，植物色彩以绿色为主（表 5-33）。

表 5-33   圩田茭香风光廊特色植物

类别	植物名称
乔木	水杉、重阳木
灌木	八仙花、石蒜、栀子
地被	红花酢浆草、阔叶山麦冬
水生植物	茭白、黄菖蒲、睡莲

表格来源：笔者根据资料整理

五、十里水杉风光廊

（一）具体路线

沿途经水阳江段、过塘沟河段，延伸至石臼湖南岸，是高淳北部重要的景观岸线，视野开阔。

（二）控制线范围

风光廊两侧绿化以道路红线为主要控制线,部分开放游园空间可将绿化廊控制线扩至开发空间或水沼地边界。

（三）主要建设内容

水畔种植水杉,打造连点成带的水杉景观;搭配榉树、银杏、池杉等,营造五彩斑斓、层林尽染的多彩秋景。

（四）植物特色

常绿植物与秋季色叶植物搭配种植,植物色彩以黄、橙红和深绿为主,打造温暖明快的多彩秋景（表5-34）。

表5-34　十里水杉风光廊特色植物

类别	植物名称
乔木	水杉、榉树、中山杉
灌木	枸骨、含笑、紫叶小檗
地被	二月兰、萱草
水生植物	水芹、茭白、慈姑

表格来源:作者自绘

六、官溪芦影风光廊

（一）具体路线

位于塘沟河—官溪河段,萦绕于圩田之中,是水乡的自然特性的充分表达。

（二）控制线范围

以河道控制线为基础进行廊道绿化控制,北侧圩田段可适当增大控制范围,南侧城市段可将沿岸道路与河道进行统一控制。

（三）主要建设内容

官溪芦影风光廊以改善生态环境、形成适宜气候为宗旨,选取芦苇为主体植物种植在河岸两侧,形成秋季芦花满天、隆冬百鸟醋栖的特色景观,打造原生态的野趣之美,再现"芦苇泛舟垂钓游"的景象（图5-128）。

（四）植物特色

植物色彩以灰黄和绿色为主。选取芦苇为主要植物,首先,芦苇根茎四布,有固堤之效;其次,芦苇能吸收水中的磷,可以抑制蓝藻的生长;再者,芦苇的叶、茎、根状茎都具有通气组织,有净化污水的作用。大面积的芦苇不仅可调节气候、涵养水源,其所形成的良好湿地生态环境也为动物提供栖息、觅食、繁殖的家园——芦苇地可吸引众多鸟类,具有适宜的气候和生态环境,是动物越冬的好地点（表5-35）。

图 5-128　官溪芦影风光廊意向图
图片来源:作者自绘

表 5-35　官溪芦影风光廊特色植物

类别	植物名称
乔木	水杉
灌木	夹竹桃、黄杨、迎春
地被	阔叶山麦冬
水生植物	芦苇、菱、芡实

表格来源:作者自绘

七、石固河岸风光廊

(一)具体路线

沿薛城大河到石固河岸,以垂柳和灌木为主要景观,视线开阔。

(二)控制线范围

廊道绿化控制以蓝线为基础,北侧可适当扩至水岸边界,南侧建议扩大至城市绿地范围。

(三)主要建设内容

沿薛城大河及石固河河岸种植慈姑、水芹等高淳"水八仙"及多年生草花,突出高淳特色,打造高淳"水八仙"植物廊道,营造可观可食的景观(表5-36)。

(四)植物特色

以慈姑为主要植物,植物色彩以绿色为主(表5-37)。

表 5-36 石固河岸风光廊特色植物

类别	植物名称
乔木	垂柳
灌木	迎春、八仙花、南天竹
地被	美丽月见草、大丽花、美人蕉
水生植物	慈姑、水芹、茭白、芋头、莲

表格来源：作者自绘

表 5-37 水慢城廊道塑造概况

所在片区	序号	廊道名称	特色塑造要点	植物推荐
水慢城	1	石臼湖南岸风光廊	增加野草野花，为天空之镜添色增彩	千屈菜、花菖蒲
	2	固城湖北岸风光廊	增加生态效益强、景观效果好、经济适用的植物，保护水源	香蒲、花叶芦竹
	3	湖光桃源风光廊	打造季节鲜明的植物景观，营造落英缤纷的浪漫春景	碧桃、垂柳、红花酢浆草
	4	圩田茭香风光廊	增加野花野草和经济作物，美化田埂景观	茭白、八仙花
	5	十里水杉风光廊	水畔种植水杉、榉树、池杉等，营造温暖明快的多彩秋景	水杉、二月兰
	6	官溪芦影风光廊	增加生态经济的植物，美化河道景观	芦苇、菱角
	7	石固河岸风光廊	沿石固河河岸种植高淳"水八仙"及多年生草花	垂柳、美丽月见草、慈姑

表格来源：作者自绘

5.3.4 门户节点规划

5.3.4.1 门户节点选点依据

一、规划原则

依托固城湖、周边山地、圩田等良好的资源格局以及绝佳的地理位置，充分挖掘水文化与渔文化，通对过湖、圩田、渔文化、水慢生活、特色农业等元素的挖掘与整合，选择可实施的绿地作为独具水慢城特色的节点，打造水慢城门户名片。

二、选址定位

水慢城片区依靠特色水网资源,构成特色圩田水乡景观。其中固城湖是连接圩田水乡、花山片区以及城市风光的重要节点。石臼湖、沧溪老街、固城湖是水慢城片区的特色人文景观节点。

（一）石臼湖畔

位于高淳的两条生态廊道夹峙处,既是城市景观廊上的北端终点,又是文慢城与水慢城交界处重要的门户节点。

（二）沧溪老街

位于高淳区西端阳江镇,境内有串缀水慢城的大小河流,是典型的水网圩区。

（三）固城湖畔

其位于全域旅游规划的核心位置,是联络三片四廊多点的重要门户节点。

5.3.4.2 节点类型

一、自然资源节点

自然资源节点依托固城湖现存的圩田景观,选取高淳本土植物、经济树种、农作物,强调其水源涵养、生态保育的功能,打造水乡农耕文化的景观名片。

图 5-129 门户节点区位图

图片来源:《高淳全域旅游总体策划》(20170322)

二、人文景观节点

人文景观节点的打造需深挖当地的历史文化底蕴,结合其生态特色,选取易于生长、能够与当地文化相呼应的地方植物,打造具有景观特色的自然—人文综合型门户节点。

三、综合景观节点

综合景观节点沿石臼湖而建,设计结合城市文脉,将宁静湖面、"天空之镜"与大桥终点的大学城串联成一个有机整体,打造高淳文化生态融合的绿色开放空间(图5-129)。

5.3.4.3 门户节点详细规划

一、固城湖畔——芦荻烟雨

(一)具体位置

位于迎湖路与118乡道交汇处。固城湖因湖滨古"固城"而得名,其位于全域旅游规划的核心位置,是联络三片四廊多点的重要门户节点(图5-130)。

(二)景观现状

固城湖一带植物生长状态良好,整体景观性较强,但水乡田园的地方特色不够突出,植物的经济效益未得到充分发挥(图5-131)。因此,后期改造时可多利用农作物来打造植物景观,在满足观赏性的同时突出植物景观的经济效益,一举两得。

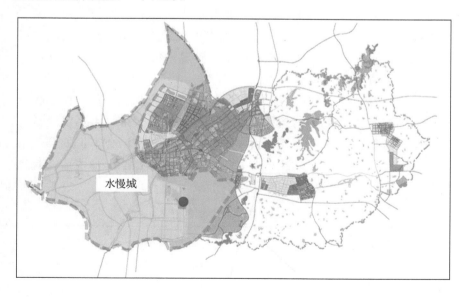

图5-130　芦荻烟雨节点定位图
图片来源:作者自绘

图 5-131　节点现状图
图片来源：作者自摄

（三）景观建设内容

固城湖东有花山、九龙山依衬，西有永丰圩、相国圩拱卫，湖水清澈，碧波荡漾，湖岸风光旖旎。"固城烟雨"历来为高淳胜景，吸引了历代文人墨客为之颂咏，是高淳区著名的亲水旅游胜地。其改造建设以"芦苇丛中任我行，星星渔火水中明"为主题，打造水田交织的圩田水韵。湖岸可设置观景装置或游船设施，供游人于浅水区游赏，一览大湖面四周的胜景。

（四）种植设计

植物种植强调植物的经济效益，同时满足景观性，为周边农民创收的同时不影响游客的观赏，打造农耕文化的展示名片。植物色彩以淡黄色和浅绿色为主打色，植物景观以乔木、彩色花灌为主，结合丰富的群落结构，打造新城湖景。以八仙花、水芹、茭白等作为特色植物，形成疏密有致的林间植物群落，烘托江南水乡的迷离烟波（表 5-38）。

表 5-38　固城湖畔特色植物

类别	植物名称
乔木	桑树、柽柳、枫杨
灌木	八仙花、含笑
地被	阔叶山麦冬、大吴风草
水生植物	芦苇、水芹、茭白

表格来源：作者自绘

二、石臼湖畔——长桥柳浪（主题：长桥烟锁起严城，杨柳依依水际平）

（一）具体位置

石臼湖南岸位于大荆山—游子山—石臼湖南岸线与石固河—固城湖西岸线两游线交汇处，既是城市景观廊上的北端终点，又是文慢城与水慢城交界处重要的门户节点，是极具水乡风情的重要景观节点（图 5−132，图 5−133）。

图 5-132　节点现状图
图片来源：作者自摄

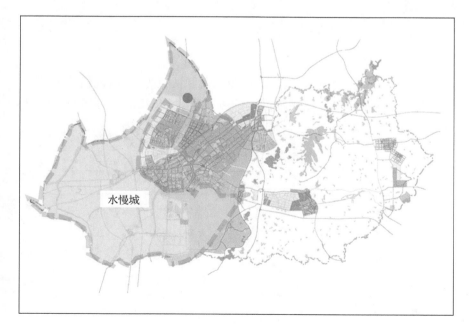

图 5-133　长桥柳浪节
点定位图
图片来源：作者自绘

（二）景观现状

石臼湖沿岸植物种类较为单一，地被覆盖率不高，存在地表裸露、植物长势欠佳，没有形成连续可观的景观带的问题。后期应注意植物形态与色彩的配置和整体领域面上的成景效果。

（三）景观建设内容

石臼湖南北横跨石臼湖特大桥，东部紧邻中心城区，是高淳与周边城市、片区往来的重要滨水门户。设计应结合高淳特色植物及水生植物，以"云水苍茫的渔家风情"为主题，构建生态自然的湖岸景观，增强石臼湖周边景观质量，打造滨湖绿色开放空间（图5-134）。

图5-134　景观节点效果图
图片来源：作者自绘

（四）种植设计

植物种植突出植物的色彩美，以橙红色和黄色为主，以花菖蒲、水葱、再力花为主题植物形成连缀水岸线的漫长景观带，营造出影影绰绰的湖畔风光。此外，植物配置也强调景观门户季相的延续（表5-39）。

表5-39　石臼湖畔特色植物

类别	植物名称
乔木	垂柳、枫杨
灌木	大花六道木
地被	石蒜、狗尾草
水生植物	花菖蒲、水葱、再力花

表格来源：作者自绘

三、沧溪老街——丹楹映日(主题:殿阁嵯峨俯碧湖,烟光渺渺淡堪图)

(一)具体位置

位于阳江镇沧浪街沧溪戏楼周边,高淳区西端,东临城区,与安徽省宣城市、马鞍山市接壤;境内有水阳江、官溪河、横溪河三大水系,串缀水慢城的大小河流,是典型的水网圩区(图5-135,图5-136)。

图 5-135 丹楹映日节点定位图
图片来源:作者自绘

图 5-136 节点现状图
图片来源:作者自摄

（二）景观现状

沧溪戏楼周围道路绿化的植物层次单一且缺少后期管理，中下层灌木杂乱无章，严重影响了道路内外的景观协调性。后期应重视植物的养护管理，对灌木等观形植物及时修剪塑形。

（三）景观建设内容

沧溪戏楼是道教圣地三元观的前进建筑。其建筑风格以皖南徽派为基调，兼有苏浙楼台特色；大院中间生长着两棵200年以上树龄的红杨树，东有一片5万多平方米的荷塘，夏季荷花盛开，环境清净优美。改造建设以"殿阁嵯峨俯碧湖，烟光渺渺淡堪图"为主题，打造古韵悠然的道教圣地（图5-137）。

图5-137　景观效果图
图片来源：作者自绘

（四）种植设计

植物种植突出植物的人文底蕴，打造文化厚重的历史遗珠。植物色彩以玫红色和黄白色为主，与古朴的道观建筑相得益彰；围绕沧溪戏楼种植紫薇、黄木香花等植物，明快亮丽的色彩与古朴的道观建筑相得益彰；在绿地中种植高大的落叶乔木，与建筑高度形成对比；增加墙面垂直绿化，丰富竖立面景观，呈现出季节变化的城市景观焦点（表5-40）。

表5-40　沧溪戏楼特色植物

类别	植物名称
乔木	刺槐、泡桐
灌木	紫薇、绣线菊
地被	狗牙根
藤本	黄木香花

表格来源：作者自绘

5.3.5　两湖设计——石臼湖与固城湖

固城湖和石臼湖位于南京凹陷的边缘地带,因发生断裂、下沉等漫长的地质演变而生,湖盆为形,地势低洼,洼地广集,河道纵横,水网阡陌,是典型的长江下游水乡平原地区。石臼湖—固城湖地区以丰沛的水资源、肥沃的土壤、天然的地势,吸引人们来此聚居,素来被称作是"秀美灵动江南地"。人们依水而居,依水而生,围堤设闸,开发"圩田",修建圩堤以防洪排灌,这一劳作生活生产习惯的发展,形成了特有的圩区生态系统,使得该地区成为我国发展历史悠久且十分有代表性的圩区[34]。

5.3.5.1　当前两湖面临问题

进入 20 世纪后,城市化进程势不可挡,千年累积的农耕习惯进一步被新时代的年轻人遗忘,甚至放弃,乡村在城市化的推动下开始修公路和办工厂,逐渐开始发展工业和三产,依水而居的居住习惯也渐渐被改写为依路而居。于是,水网破坏、河流堵塞、洪涝灾害以及水体污染等问题逐渐暴露且愈发严重,人水之间亲密的纽带正在被撕裂,圩区的更新改造迫在眉睫。两湖在退圩还湖项目后虽然生态得到很大保护,但沿岸景观仍未见较大起色,有待进一步提升。同时,两湖对高淳区整体景观风貌的影响力需进一步提升。此外,固城湖被检测出沉积物中的有机氯农药残留量较高,存在生态风险,需要得到有效解决[34]。

5.3.5.2　两湖未来发展目标

一、打造"一心一环一带多廊"的景观格局

高淳区计划在 2025 年末打造出一个以固城湖为核心、石臼湖为引领对象的城市景观廊,形成"一心一环一带多廊"的景观格局。"一心"为固城湖,"一环"为环湖景观线,"一带"为石臼湖景观带,"多廊"为前文中提及的 7 条风光廊道。

二、降低生态风险,提高生物多样性

近年来,两湖水质总体较好,湖心水质总体稳定达到Ⅲ类,但部分入湖支流水质相对较差,局部入湖水域还存在一定污染,流域水生态环境依然比较脆弱。目前,两湖的生态环境保护应以保护优先、流域控源、综合治理、强化管理为原则,从污染治理向防治并举转变,从点源控制向全面控制转变,从水质保护向水生态保护转变[35]。2020 年 7 月起,属于长江流域水系的石臼湖实行全面退捕。固城湖退圩还湖工程集生态、灌溉、防洪、供水、航运等效益为一体,计划 2022 年底完工,届时,将建成约 6.2 km 的环湖岸线堤防;将恢复自由水面约 6.11 km^2,恢复有效防洪库容 2200 多万 m^3[36]。

图 5-138　高淳区固城湖、石臼湖位置布局

图片来源:《高淳绿地系统规划初步方案》

5.3.5.3　湖泊区景观品质提升策略

湖泊区景观资源丰富,以水为中心,依靠天然优势条件打造不同层次的丰富景观,通过水生植物及不同形式的驳岸护坡营造亲水生态景观,使游客亲近自然、感受水的魅力。具体可以从以下几个方向入手:

一、增强湖泊浅水区活力,打造多样化景观

城市湖泊景观作为城市景观的一部分,所面对的游客是多样化的,他们的社会背景、生活阅历、人生境遇、情趣爱好等各不相同,对于城市的情感、城市的记忆、湖泊的认识也大相径庭,因此城市景观需要回应的价值取向也是多样的。湖泊的活力不仅仅体现在多样化景观的营造,还需要人的参与,人在参与的过程中通过各种不同的感知方式感知事物的特性,从而获得感受的乐趣。参与是人的一种本性。一方面,人在浅水区可以安全地与水进行互动,通过在水景中的参与性表现,使人们日常的娱乐活动更加丰富,并且可以激发人们潜在的创造性;而另一方面,人的参与有效地提高了湖泊浅水区的整体活力,使得静态的水面生动起来。

二、与绿道连接,构建可识别性景观

高淳湖泊片区景观可识别性的塑造可以通过连接绿道、修复生态等方式来完成。首先,绿道能够维护自然界的生态过程,具有防洪固土、清洁水源、净化空气等作用;同时,根据集合种群理论和岛屿地理学理论,绿道可以减轻景观的破碎化,绿道将破碎化的景观通过线性自然要素连接起来,维系和增强了景观的美学价值,提升其完整性,从而构建可识别性景观。其次,修复已被破坏的湖泊生态,恢复湖泊周边的河流景观、森林景观,移除水体中的土方与建筑,逐步开放私有化的滨水空间,让其成为公共景观,也能够有效地构建可识别性景观。最后,在结合绿道和生态修复的基础上还应不忘对城市湖泊景观涉及的城市记忆进行修复,包括历史遗迹、城市地标等。

三、丰富驳岸形式,增强生态与观赏功能

驳岸的设计是滨水景观很重要的一部分内容,其能够使得岸线不再单一,而是错落有致且丰富多彩。软质的驳岸通常可以增强景观的生态性,体现植物的趣味,例如运用块石、鹅卵石、木桩等建设的自然式驳岸,能够营造一个岸线曲折、岸坡起伏的状态,可在某种程度上打破景观呆板、僵硬,使其趋于自然,实现生物多样性;硬质的驳岸给人以亲近水体的机会,也有着足够的安全性,供游客驻足观赏,例如园林工程中运用最为广泛的砌石驳岸和满足游人亲水需求、具有互动性的景观阶梯入水驳岸等。

图 5-139 砌石驳岸
图片来源:作者自摄

图 5-140 阶梯式入水驳岸
图片来源:作者自摄

四、丰富水生植物群落,注重生态系统维护

随着人们对水污染过程及其内在原理认识的不断深入,生物调控已成为控制内源性富营养化的常用技术之一,包括水生植物的恢复、浮游动物的控制或释放、鱼或浮游鱼类和微生物制剂的投放等。在水位变化比较大的区域,种植耐水湿、生命力强、生态功能性强的植物或作物如菖蒲、

慈姑等,在水位下降时便可形成由水生、沼生、湿生、中生至旱生的自然过渡,打造错落有致、自然野趣的景观。此外,一些大型水生植物,特别是沉水植物群落可以产生很好的生态修复效果。水生植物的调整不仅仅可以减轻水体负担,还可以带来植物群落的丰富以及游客视觉上的享受,同时还能够起到科普植物知识的作用。

5.3.5.4　湖泊浅滩植物选择策略

在近岸的浅滩地带,两湖的湖底沉积物普遍为紧实的棕色或棕黄色粉沙或泥质沙,适合鸢尾、菖蒲、美人蕉等的生长;湖心地区则为黑色的黏土质泥,所以在湖心的沉水植物如各种藻类生长特别繁茂,群落类型也较复杂[37];而浅岸植物则以挺水植物和浮水植物为主,如睡莲等,观赏性更强。由于湖面宽广,岸边及浅滩地带可以进行适当的人工干预,而湖底中心区域则主要靠其自身现状维持。为使湖泊生态稳定、景观丰富多变,湖泊可以利用现代化机械除藻,加强湖岸和入湖河道生态绿化,修复水生高等植物,改善湖泊表层生态环境[38],并且在植物的选择上需要注意以下几点:

一、植物乡土性

石臼湖和固城湖的植物种植应选择具有高淳地方特色和代表性的乡土植物或作物。种植与当地气候条件相适应的物种既能很好地保障植物存活率,也能大大降低维护成本,对景观的营造与后期的管理都大有益处。

二、植物景观性

水慢城的打造要求两湖的植物配置具有一定的多样性和丰富的季相变化。植物多样性是植物景观性的一部分,其不仅能够使得植物景观多样化,还能够帮助维护生态平衡,提高植物群落稳定性和层次丰富性,是提升两湖景区品质的重要一环。

三、植物安全性

目前,部分外来入侵物种已经对高淳区的生态环境造成一定影响,如空心莲子草(水花生)、一枝黄花、福寿螺等。亚热带气候条件为外来生物的入侵和定殖提供了良好的机会,特别是空心莲子草,其在河道和沟渠生长蔓延,堵塞通道,阻滞水流,影响农田排灌和水上交通;死亡腐败后如不及时打捞,还将严重影响水体水质。为保障高淳两湖片区的生态稳定性,在植物的选择与后续的管理上应尽可能降低外来物种入侵风险,严格把控栽植物种并定期排查,避免破坏生态平衡。

四、植物抗性

由于湖泊不可避免的水位变化及或多或少的水体污染,植物的抗性成为植物选择的重要指标之一。植物抗性是植物适应逆境的能力。抗性强的植物不仅维护成本低,还能够给湖泊带来额外的生态效益,如净化水质、减轻污染等,甚至还可以作为水生生物的食物来源和气体交换枢纽。

5.3.5.5 固城湖片区详细规划

固城湖位于高淳区南部,又名小南湖,湖区分属高淳区和安徽省宣城市,但以高淳区为主,是由古丹阳湖分化而成的。固城湖是高淳"鱼米之乡"的重要标志,是高淳生态的支撑和窗口,也是高淳区最重要的集中式饮用水源地,是全区人民的"母亲湖",农业、渔业、旅游业价值高。

一、现状

固城湖湖泊形态呈三角形,北宽南窄。其北部连接高淳市区,西部连接圩田(水乡慢城),东部连接丘陵(大花山风景区)。地势东高西低,拥有眺望点,视野丰富(图 5-141,图 5-142)。

固城湖位于城市腹地,湖面被周边道路环绕,视野开阔、观赏面充足,且周边景观丰富多样,容易形成城市景观核心。

固城湖周边植物主要为人工种植,树种种类较少,主要作为护岸林和环境保护林。植被分布与地形相关性较强,乔木多集中分布在东部丘陵区域,且植物层次丰富;而北部与西部植物高度较低,且水生植物丰富,未来北部将打造成滨江新城。

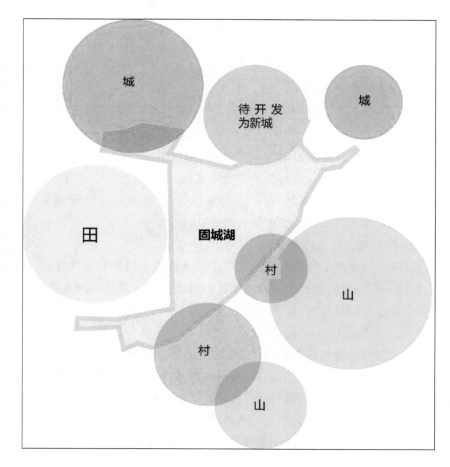

图 5-141 固城湖与周边环境关系意向图
图片来源:作者自绘

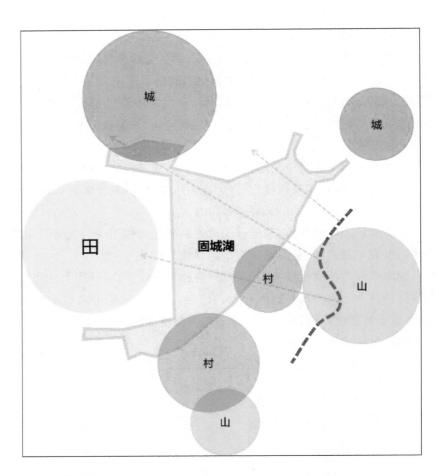

二、景观构建

固城湖旨在打造固城湖"一心"景观：构建两线四景，烘托核心氛围。全域共分为"城市天际，缤纷湖趣""湖探老城，远方蜃楼""山水相映，灵动乡意""隔水相望，对景成趣"四个主要景观节点（四景），串联形成东部山区鸟瞰观景线和环湖观景线两条线路（两线）。

（一）东部山区鸟瞰观景线

固城湖东高西低的地势特征决定了其最佳观赏位置。观赏区域以大花山为核心，一路向北沿东部丘陵山区构建通透可远眺的鸟瞰观景线，结合各个角度不同景观，形成丰富的视觉体验。

（二）环湖观景线

固城湖周边包括高淳城市风光、丘陵山脉、水乡慢城、乡村圩田的景观风貌，景观层次丰富、类型多样，极具高淳本土特色，但可惜的是缺少合理的环湖游览线路供游客观光休闲，阻止了外地人来此驻足停留。因此，环湖观景线的打造成为必然——将现有的乡村道路进行串联，结合相应位置的绿道设施，设置成环湖游览路径，提升线路周边整体景观，利用优势和特色植物美化游览路径,使人在其中能够舒心、自在,体会到乡村炽热的怀抱(图 5 - 143)。

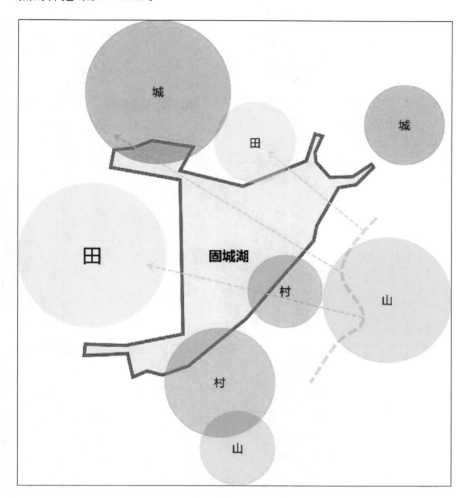

图 5-143　环湖观景线
图片来源:作者自绘

　　(三) 城市天际,缤纷湖趣

　　固城湖北部为滨水城市风光,与东部形成景观视觉廊道,东部丘陵可远眺城市天际线。城市湖岸可设置观景装置或游船设施,供游人于浅水区游赏,一览大湖面四周的胜景。植物景观以乔木、彩色花灌为主,结合丰富的群落结构,打造新城湖景(图 5 - 144)。

　　(四) 湖探老城,远方蜃楼

　　这一景点视觉廊道最长,层次最丰富,大小湖面相接增加了视线的层次感和延伸感。老城区建筑高度较低,因此在绿地中种植高大的落叶乔木可以与建筑高度形成对比,错落有致,丰富老城天际线;与此同时,还可以增加墙面垂直绿化,丰富立面景观,与湖景垂直对应,也呈现出季节变化的城市景观焦点(图 5 - 145)。

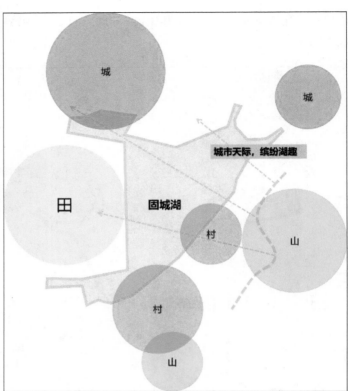

图 5-144 "城市天际，
缤纷湖趣"区位
图片来源:作者自绘

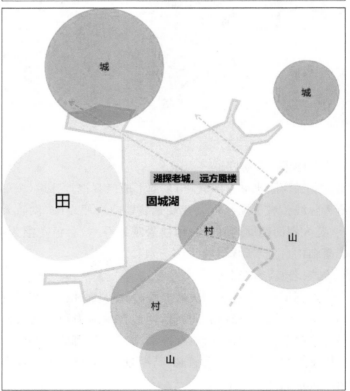

图 5-145 "湖探老城，
远方雁楼"区位
图片来源:作者自绘

（五）山水相映，灵动乡意

田—村—山的景观层次是这一景点的亮点。通过打开西岸平原的观田视线和控制植物高度以保证视线通透和田与水的衔接。东岸设置"村庄绿带"与绿色山体呼应，并结合渔船等适量的渔业景观营造具有山水灵气的山村圩田景观（图5-146）。

（六）隔水相望，对景成趣

该景点两岸距离较近，视线相对，东部岸边选用一定量的作物植物烘托水乡生产景观氛围。对岸种植叶形花色观赏性强、自然野趣、搭配种类丰富的植物景观群落，既能隔水相望形成对景，又能丰富固城湖沿岸景观风貌（图5-147）。

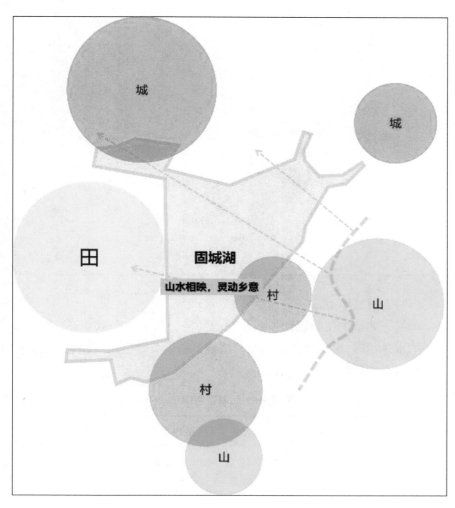

图5-146 "山水相映，灵动乡意"区位
图片来源：作者自绘

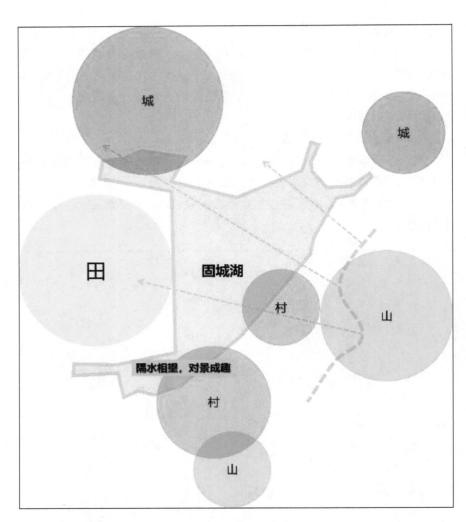

三、植物设计(北岸)

固城湖北岸的植物设计强调植物的经济价值和生态效益,突出地方植物的水体治理、水源涵养等功能。植被色彩以黄绿色和浅棕色为主,代表植物有香蒲、花叶芦竹等(表 5-41)。

表 5-41 北岸特色植物

类别	植物名称
乔木	柽柳、落羽杉
灌木	红花檵木、杜鹃
草本	香蒲、花叶芦竹、白茅

表格来源:作者自绘

5.3.5.6　石臼湖片区详细规划

石臼湖是高淳区、溧水区和安徽省马鞍山市当涂县、博望区三区一县间的界湖,又名北湖,在历史上与固城湖同为古丹阳湖的一部分。湖水主要来自皖南的青弋江和水阳江水系,由当涂的姑溪河和清水河流入长江。

一、现状

石臼湖面积 207.65 km²,湖面曲折,但湖汊不多,湖泊面积大,呈不规则四边形,四周地形平坦开阔,均为湖积平原,因而视野开阔壮观,宛如内陆之海,景观要素纯粹。石臼湖位于城市尖端,道路穿湖而过,是南京其他地区通往高淳的门户景观。石臼湖周边主要为人工种植,较少出现天然萌发植被,主要为水源涵养林,渔业、航运、生态价值高,未来石臼湖入口处将规划成大学城。

二、景观构建

石臼湖沿线致力于打造一带一廊、文化生态融合的绿色开放空间。石臼湖大桥从陆地到湖面,从繁华城市到自然景观,宁静湖面是高淳第一景观。大桥在湖面延伸,由自然过渡到“天空之镜”,梦幻空灵的内陆海面是高淳难忘美景。大桥的终点,由“天空之镜”到达未来高校林立的大学城,是高淳文化生态融合的绿色开放空间。

(一)融合文化与生态,打造绿色开放空间

石臼湖入口将规划为大学城,全国各地学子聚集于此。因此,石臼湖景观地位十分重要,是高淳文脉特色的展示窗口,也应为学子提供良好优美的学习环境。一方面,石臼湖可以结合高淳特色植物尤其是水生植物,构建自然生态的湖岸景观,增强石臼湖周边景观质量,打造滨湖绿色开放空间。其次,构建南岸平原观景线能够大大提升石臼湖观景感受,其连接城市道路,形成滨湖游览路线,为周边区域包括大学城提供休闲游览场所(图 5 - 148)。石臼湖南岸植物非常重视高淳本土野花野草的利用,利用大面积彩色花为天空之镜增色增彩,以绿色和浅紫色为主。沿线大片播种波斯菊、百日草等成本低、成活率高、景观效果良好的草本植物,进行景观美化,形成花海景观。与此同时,该区域还可以结合城市文脉,利用乡土民俗文化,丰富湖周边村落景观;选择高淳乡土树种、经济树种如银杏、樱桃等进行种植,以提升石臼湖景观吸引力,构建绿地景观,以此打造绿色开放空间(表 5 - 42)。

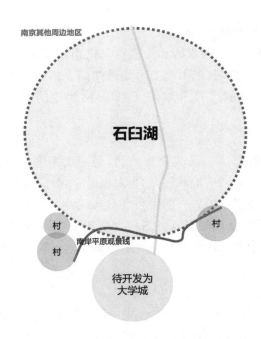

**图 5-148 南岸平原观
景线**
图片来源：笔者自绘

表 5-42 南岸特色植物

类别	植物名称
乔木	垂柳、枫杨
灌木	夹竹桃、凤尾竹
草本	花菖蒲、千屈菜、再力花

表格来源：作者自绘

（二）生态修复，自然野趣

石臼湖天生的自然资源条件带给它独特的优势，依附此优势构建挺水植物、沉水植物和浮水植物水生植物群落，利用水生植物对水体中的污染物质的吸附、分解或转化，能够减轻水体污染，提高景观质量和观赏度。同时，种植鸟类等动物生存所需植物，吸引天鹅、豆雁等野生动物，可以很好地激发景观的动态与活力。植物的选择考虑野生动物生存的必须物种，为野生动物提供栖息地，给静态的湖泊景观注入生命活力，从而形成观感丰富、生态自然的湖岸景观。

本章参考文献

［1］石雨薇,闫晓云.可持续发展理念下城市园林景观设计探讨［J］.河北农机,2021:(4):118-119.

［2］赵文武,房学宁.景观可持续性与景观可持续性科学［J］.生态学报,2014,34(10):2453-2459.

［3］Wu J G, Guo X C, Yang J, et al. What is Sustainability Science?［J］. Ying Yong Sheng Tai Xue Bao = The Journal of Applied Ecology, 2014, 25(1):1-11.

［4］吉文丽,李卫忠,王教育.太岳山国家森林公园景观林规划［J］.中南林业调查规划,1998,17(3):28-30.

［5］崔佳琦,张凤彪,王松.我国冰雪运动休闲小镇精准治理路径研究［J］.体育文化导刊,2019(2):87-91.

［6］侯猛,董芹芹.欧洲冰雪小镇建设经验及对中国的启示［J］.四川体育科学,2019,38(6):102-108.

［7］王昕.基于文化体验的冰雪特色小镇绿色空间规划设计研究:以崇礼区西湾子镇北片区为例［D］.北京:北京林业大学,2020.

［8］Downs A . Smart Growth Why We Discuss It More than We Do It［J］. Journal of the American Planning Association, 2005, 71(4):367-378.

［9］刘荣增.基于存量优化的城市空间治理与再组织:以郑州市为例［J］.城市发展研究,2017,24(9):26-32.

［10］邹兵.存量发展模式的实践、成效与挑战:深圳城市更新实施的评估及延伸思考［J］.城市规划,2017,41(1):89-94.

［11］Pan Z K, Wang G X, Hu Y M, et al. Characterizing Urban Redevelopment Process by Quantifying Thermal Dynamic and Landscape Analysis［J］. Habitat International, 2019(86):61-70.

［12］李春香,戴乐.克拉玛依城市防护绿地树种的选择和配置的探讨［J］.现代园艺,2017(11):167-168.

［13］杨威.高淳国际慢城村落景观情境研究［D］.南京:南京林业大学,2019.

［14］张令.环境红线相关问题研究［J］.现代农业科技,2013(11):247-249.

［15］贺海峰.生态红线如何"落地"［J］.决策,2013(12):5.

［16］李干杰."生态保护红线":确保国家生态安全的生命线［J］.求是,2014(2):44-46.

［17］王金南,吴文俊,蒋洪强,等.构建国家环境红线管理制度框架体系［J］.环境保护,2014,42(S1):26-29.

[18] 江苏省人民政府. 江苏省生态红线区域保护规划（苏政发〔2013〕113 号）[EB/OL]. (2013-08-30)[2021-9-30]. http://www.jiangsu.gov.cn/art/2013/10/15/art_46714_2589682.html.

[19] 郑华,欧阳志云. 生态红线的实践与思考[J]. 中国科学院院刊,2014,29(4):457-461.

[20] 王建革. 水车与秧苗:清代江南稻田排涝与生产恢复场景[J]. 清史研究,2006(2):1-11.

[21] 王建革. 宋元时期吴淞江圩田区的耕作制与农田景观[J]. 古今农业,2008(4):30-41.

[22] 庄华峰,满创创. 皖江流域圩田的兴筑与管理[J]. 中国社会科学院研究生院学报,2013(6):120-124.

[23] 邬建国. 景观生态学:格局、过程、尺度与等级[M]. 2 版,北京:高等教育出版社,2007.

[24] Birkeland J. Positive Development:Designing for Net Positive Impacts[J]. Environment Design Guide,2007(4):1-8.

[25] 郭巍,侯晓蕾. 筑塘、围垦和定居:萧绍圩区圩田景观分析[J]. 中国园林,2016,32(7):41-48.

[26] 庄华峰,王建明. 安徽古代沿江圩田开发及其对生态环境的影响[J]. 安徽大学学报,2004,28(2):100-104.

[27] 吴帆. 石臼湖—固城湖圩区景观格局与聚落形态研究[D]. 南京:南京大学,2019.

[28] 侯晓蕾,郭巍. 圩田景观研究:形态、功能及影响探讨[J]. 风景园林,2015(6):123-128.

[29] 张建民. 江苏、安徽沿江平原的圩田水利研究[J]. 古今农业,1993(3):7-16.

[30] 杭宏秋. "三湖"圩区开发史实及其思考[J]. 古今农业,2004(4):73-79.

[31] 汪家伦. 古代太湖地区治理水网圩田的若干经验教训[J]. 江苏水利,1980(2):65-71.

[32] 斯蒂芬·奈豪斯,韩冰. 圩田景观:荷兰低地的风景园林[J]. 风景园林,2016(8):38-57.

[33] 侯晓蕾,郭巍. 场所与乡愁:风景园林视野中的乡土景观研究方法探析[J]. 城市发展研究,2015,22(4):80-85.

[34] 万璐依. 石臼湖固城湖圩区线型村落更新研究:南京市高淳区夹埂村改造更新设计[D]. 南京:南京大学,2020.

[35] 张琳,王芳,俞欣,等. 石臼湖生态环境问题与保护对策浅析[J]. 科技资讯,2017,15(13):89-90.

[36] 江苏南京高淳区:守一城碧水 护生态之美[J]. 环境与生活,2021(4):9.

[37] 李冬玲,任全进,张守堂,等. 石臼湖、固城湖地区水生植被资源的合理利用[J]. 江苏林业科技,2003,30(2):27-29.

[38] 孙勇,王亚平,陆晓平,等. 对南京石臼湖固城湖水环境治理的措施建议[J]. 中国水利,2015(16):38-40.

6　结论与讨论

本次绿色空间体系规划,是在解读南京市高淳区发展定位与规划基底的基础上,运用规划学、园林学、建筑学、生态学、艺术学等学科技术指导,在国土空间规划体系改革背景下开展的南京市高淳区绿色空间规划。本章基于南京市高淳区全域绿色空间体系规划进行总结,归纳城市绿色空间体系规划原则、规划思路与规划策略,并提出未来城市绿色空间体系的发展展望。

6.1　结论与经验

6.1.1　绿色空间体系规划原则

一、整合资源,打造特色格局

城市是一个包含了自然与人文环境的大系统,人们在谈论一座城市有无特色的时候,他们所描述的城市特色可能涵盖城市这个大系统的方方面面,这里称之为广义的城市特色。城市绿色空间体系规划中的城市资源,是指一个城市在自然、人文、社会等因素长期影响下形成的、区别于其他城市或区域的,并能够运用到城市风貌塑造中的资源。整合资源,要求在对全域景观资源、文化资源、信息资源等自然及社会资源进行定性描述和定量考察的基础上,对地方资源进行科学的分析与评价,充分发挥地方自然资源与社会资源优势,指导其在全域绿色空间体系规划中的合理配置,着力打造贴近地方特质、凸显地方特色的绿色空间发展格局。

资源的整合应能够突出区域特色与地方文脉,确保资源的来源全面而广泛。绿色空间常常选点于城市自然生态、城市空间、社会人文等多维网络体系的交汇点,景观资源来源广泛,包含自然生态、社会人文等诸多方面的因素[1]。对这些城市资源,应坚持强化系统整体性的原则,找出城市中典型的、与其他城市相比具有强烈差异性、能够突出地方风貌的各类资源,挖掘、提炼地域文化符号,明确整合步骤、聚焦规划目标,构建结构清晰、体系合理、特色突出的资源库。在资源评价与分析时,也要注重方法的客观科学,定性分析与定量评价优势互补,评估后期规划的可操作性,为后续的全域绿色空间体系规划提供实际的指导,通过对各类资源的综合协调,把各种特色元素有机地应用到绿色空间体系规划中[1]。

以南京市高淳区全域绿色空间体系规划为例,高淳区绿色空间体系"花慢城"总体规划,在"水绕淳城,田陵拥入"的独特生态格局上,通过整合古城遗迹丰富的历史韵味、圩田风光和村俗文化,以慢为核,以水为纽,串联全区山水资源,联系优越的山水生态格局和城市空间格局,城乡融合,形成了整合高淳区域内人文、自然资源,突出特色景观风貌的"一心三片四廊多点"总体规划结构,打造高淳"水－山－城"融为一体、人与自然和谐共生的特色发展格局。

二、适地适树,突出地方优势

西汉刘安在《淮南子》中提出"欲知地道,物其树",北魏贾思勰在《齐民要术》中提出"顺天时,量地利,则用力少而成功多,任情返道,劳而无获",明代王象晋著《群芳谱》中写到"……此物性之固然,非人力可强致也。诚能顺其天,以致其性,斯得种植之法矣"。尊重生物的自身习性,保持植物与生态环境的辩证统一,是自古以来植树造林的不二法则。适地适树,即根据树种的生长习性选择适合当地生长的树种,保障树种特性与立地条件相互适应。它是林业和风景园林植物景观规划设计领域所遵循的基本原则之一,有利于满足人们对植物景观的功能型、资源节约型需求,以及植物群落的稳定性和生物多样性需求[2],将植物景观与地方文化结合,突出地方的自然优势。

适地适树,首先保障的是植物对区域生态条件的适应性,其次保障的是植物在恢复城市生态环境方面的作用。在城市绿色空间体系规划中,因地制宜地使用乡土植物和引种外来植物,能够保障植物成活率,形成结构稳定的植物群落,减少绿化费用的成本投入,发挥地方植物在生态、社会和经济效益方面的综合作用;另外也有利于保持地区自己的生态平衡。此外,乡土植物的应用有利于形成优美而又富有浓郁地方特色和文化气息的城市绿地景观,以及有利于对城市历史文脉的把握和延续。乡土植物中蕴含的植被文化和地域风情能够更好地打造地域特色,突出地方的生态优势与文化特色。

以南京市高淳区全域绿色空间体系规划为例,本次规划的植物提升重点在于依托林业二调数据和乡土树种研究,对高淳不同片区进行针对性的植被优化:中心城区的公园绿地进行绿化提升,打造林荫道路;绿化村庄,整治农村塘坝中的植物,建设乡村林荫大道以及高速护路林建设;保留东部丘陵山区的原生植被群落,增加经济树种,丰富林相变化。规划突出了高淳区是物种基因库和城市生物多样性保护基地的战略地位,强化了其长三角地区最完整和最大片原生态山水区的生态重要性,充分发挥地方生态优势,提升全域绿化品质。

三、分类指导,分区精准施策

绿色空间是构筑与支撑城市生态环境的自然基础,是城市社会、经济持续发展的重要基础[3]。分类指导要求绿色空间体系规划更多地综合考虑城市经济、社会、生态等效益的复合,分区施策要求规划突破行政区的概念,综合考虑区域内各种生态要素,根据规划区域自身的景观特色划分规划区域、片区联动协调同步发展。绿色空间体系规划需在国土空间分析评价基础上,以市域和区(市、县)为基本地域单元,合理布局城镇发展、农业发展和生态保护三类空间,提高全域空间利用效率,根据不同片区主体功能定位要求,明确发展定位,实现行政边界和自然边界的结合,城镇组织、产业建设、公共服务和生态环境的共谋发展。这种规划面对的规划范围更广,问题更加复杂,规划编制涉及复杂的区域生态要素及复杂的城市问题,存在绿地功能综合化、布局结构复杂化等特点[4]。因此,在进行绿色空间体系规划时,应明确分类分区指导作用,在对绿色资源现状进行分片区分析的基础上,根据规划区域的范围与地域文化特色和景观特点,分类指导不同种类的景观要素,分区明确不同空间的功能定位,保障绿色空间多样性、建设质量高标准及建设管理高效化。

高淳区的规划面积范围广阔,为了打造区域内具有特色的景观片区,在高淳区内按景观要素分类指导,建设最浪漫的风景山林带、最乡愁的农耕田园带、最具吸引力的城边明珠、最生态的城市廊道、多样的体验公园;按照中心城区和外围区镇进行分区,提出相应的实施建设意见和近远期规划策略,将高淳区构筑为"南北田园、中部都市、拥江发展、城乡融合"的空间发展格局。

四、绿色发展,共筑生态之基

近年来,党中央、国务院高度重视生态文明建设,先后出台了一系列重大决策部署,在推动生态文明建设方面取得了重大进展和积极成效。城市内部的绿色空间是人们追求舒适生活环境和城市健全发展而形成的,是城市生态系统的还原组织,其中绿色廊道作为城市整体结构中的绿脉系统,是自然系统对城市渗透的主要载体,以其生态网络结构在城市复合生态系统中肩负着提供健康安全的生存空间、保护生物多样性、创造和谐生活氛围、促进人工与自然的调和等重要作用[5]。

近年来,中国相继探讨了一些新的绿地规划建设思想,如公园城市、城市生物多样性保护、生态优先为指导的绿地系统规划,其核心主要是注重城市人工体系完整性的同时,兼顾自然生态体系的相对完整性,以协调人与自然的关系,实现可持续发展[4]。绿色空间体系规划要求梳理绿色发展理念,注重人与自然的协调,突出人类聚居环境与自然系统的和谐,构建与城乡统筹、融合发展相适应的新型城乡绿色空间形态,加强历史文化和乡土景观的保护,营造田园化的城镇内部环境。恢复和保持河流、湿地、草场、山地等地理区域的自然功能,明确山体的保护边界及发展引导,塑造乡村景观特征,展现乡村自然之美,体现乡村神韵,推进城市现代要素向乡村地域延伸、乡村自然特质向城市地域渗透。强化城镇生态绿地系统的建设,保持生态系统的整体性和完整性。

高淳全域绿色空间体系规划中,以绿色、生态为基,把规划管控放在首位,坚持生态优先原则,落实最严格的生态环境保护制度、耕地保护制度和节约用地制度。山慢城建造复合生态植物群落,运用乡土树种打造"杂木林"进行林相改造,维持山林生态性,保证山林生态效益;水慢城运用自然材料、废弃材料结合传统手工艺改造乡村景观;文慢城建设立体绿化、生态天桥增加绿地联通性,筑牢生态基底,共同创造良好的人居环境,促进高淳的绿色可持续发展。

6.1.2 绿色空间体系规划重点

一、生态基底一体化

2019 年,习近平在北京世界园艺博览会开幕式上作了"同筑生态文明之基,同走绿色发展之路"的重要讲话。绿色空间是对城市灰色建设空间的自然补充,通过营造贴近自然的光、热、水、土、肥等生态条件,促进有机体、能量和物质的流动[6],维护城市生态系统的稳定性和景观系统的丰富性。因此,绿色空间体系规划应重视生态系统的保护与修复,一方面,尊重生态基底,强化对珍稀濒危野生植物与珍贵乡土树种的保护,保障岛屿性生境的物种稳定性;另一方面,注重水域生态系统恢复与片区生态修复和生态保护,强化河流与驳岸、山地与谷地的生态交错带生境系统稳定,增强绿色空间的抗干扰能力。走可持续生态发展之路,形成"山水林田湖"编织的生态基底。

二、绿色空间网络化

城市绿色空间与城市建成区之间存在紧密而复杂的人口、交通、信息、产业、生态等各种流的交换过程,是伴随城市开放空间、公园系统、绿带、绿道、生态基础设施等共同完善起来的[6]。城市绿色空间体系规划应注重绿色空间的网络化打造,以线带点,以线带面,打破城乡空间二元管理的桎梏,促进社会互动,进而增强居民归属感、支持感和参与感。遵循"一地一景"的规划原则,点上增加城区公园数量,强化公园广场、村庄节点,见缝插绿,鼓励企业、单位、工厂产业园等公司建设花园式办公环境;线上完善绿道驿站建设,注重沿河、沿湖风光带的打造,利用道路、河流水系串联绿色空间,实现蓝绿交织,构建全域绿道网络;面上围绕田园、森林、湖泊,打造大片湿地公园及科普文化展示区域等特色片区。

三、林相景观彩色化

城市绿色空间是自然与半自然覆盖形态为主的区域,在郊区游憩地、保护地及风景区仍旧保留着良好的自然景观。其中,森林具有丰富的物种、复杂的结构、多种多样的功能,是自然环境中重要的生态系统。多样性是森林景观的一大特色,色彩是森林景观美的一个主要因素。不同类型的森林风景不规则地交替出现,给人以"步移景异"的感觉[7]。乔木树种的树冠所形成的树冠层次称作林相或林层,林相改造注重复合植物群落结构的同时,要注重色彩和季相的搭配,建设生态功能稳定、景观效果丰富的复合群落林相结构。如用彩叶花卉植物景观提升林地界面空间的可识别性,实现森林景观时空色彩变化的彩叶化、景观化、珍贵化、阔叶化,提升森林景观[8]。

四、健康服务智慧化

城市绿色空间具有重要的生态、娱乐、文化、历史等多重价值。随着健康产业成为 21 世纪全球的重要产业,基于旅游服务设计的绿色空间体系规划,将更加关注发展数字经济高端项目。在这一背景下,城市绿色空间规划应遵循"创新、协调、绿色、开放、共享"的新发展理念,以绿色智慧空间体系规划建设为核心,提升绿色产业品质,延长绿色产业链条,打造智慧景观决策服务体系,大力发展如森林康养、运动康养、绿色金融等高端可持续产业,以自然引入城市的模式倡导身体、心理、社会功能的完满状态,提升绿色空间鼓励体力活动、缓解精神压力、提高社会凝聚力和提供生态系统调节等多重价值的共同发展,全面提升城市空间的观赏价值到健康裨益,开创智慧绿地建设新局面,以"智慧+色彩"的空间模式促进全域绿色空间高水平、高质量、可持续发展。

五、绿化建设立体化

面对快速城市化进程中城市高密度地区生态空间缺乏、布局支离破碎的问题,屋顶绿化等立体绿化与城市绿色空间联动互补,是针对城市高密度地区生态环境受损严重以及土地资源紧缺的约束条件下,建构生态空间网络的有效途径[9]。在路口建设口袋公园;在小型建筑中实现融合性制作,增加花园围栏、室内点缀、绿化网带和绿化入口等区域的立体绿化;市区内部可推进生态天桥的建设,见缝插绿,打造精致便民的街角公园,努力形成"人在花园中,城在绿树中"的宜居环境;郊野地带注重整治村庄绿化,巩固提升整治效果,全力抓好入村道路及村庄绿化美化,增加人居环境美观度,同时提高全域范围的绿地覆盖率。

六、城市景观人文化

一方面,随着物质文明和精神文明程度的提高,居住在城市中的人们更加重视绿色空间的文化遗产价值与美学价值;另一方面,城市文化的开放性、城市特色资源的投资吸引力本身就是经济发展能力的重要指标,而其关键因素仍是区域特色与文脉。在进行城市绿色空间体系规划时,要尊重区域文脉的空间差异性和整体多元性特征,保留规划区域内原有的景观风貌,挖掘地方人文历史和民俗风情,并结合地方审美倾向和居民使用习惯,将抽象的城市文脉引申至物质空间内,实现城市特色与城市绿色空间的融合,充分展示环境的文化品位和历史的传承发展,凸显当地特有的文化、民俗底蕴,打造"接地气"的绿色空间。

6.1.3　绿色空间体系规划思路

一、空间结构层面

（一）保护原有生态格局

规划初期,充分调研规划范围内现有的自然生态格局,重视连续的生态过程,根据本地生态环境和气候特征,通过综合判断决策,评价现有规划基底的生态敏感性、空间异质性等特点,识别关键生态问题和生态功能。在基本把握生态格局与土地利用关系的基础上,结合城市资源特色,加强城市建设与自然景观的有机结合,在保护现有格局的基础上优化内部空间结构,构建健康与充满活力的区域绿色安全结构,实现对城市生态环境的优化控制和持续改善。

（二）优化边界,关联成片

突出渗透功能,打破山水林田湖城边界分散的现状,运用绿楔、绿道等放射状网络化模式,联系区域内的碎片化自然生境,使各类绿地边界相互交融,弥补绿色斑块破碎化造成的功能缺失。强化景观带的边缘效应,以蓝绿交织的网状绿色空间格局联系全局,将绿色空间的作用从分隔城市转变为融入城市、从控制城市盲目扩张转变为引导城乡有序发展,打造多廊多园的网络化绿色空间。

（三）绿地增量,优化布局

作为城市重要的基础性要素,城市绿色空间不仅包含二维平面的城市绿地,还包含立体空间中的绿化环境。规划时应重视提升第五立面的整体绿化品质,改善城市生态环境,丰富城市绿化景观。根据城市总体规划,制定各类城市绿地的发展指标,"留白增绿",采取腾地还绿、疏解建绿、见缝插绿等途径建设小微绿地。安排城市各类园林绿地建设和市域大环境绿化的空间布局,建立级配均衡的公园体系,就近保障和服务于城市的"生态、生产、生活"复合需求。

二、景观质量层面

（一）提升植物的景观效果

城市绿地为城市中的植物提供了适宜的生境,植物是城市绿色空间的主要组成部分,植物群落是城市园林绿化和生物多样性最集中、代表性最强的区域。由于植物能够营造氛围,因此树、灌木以及草本植物可以在文明与自然之间的灰色地带营造出多种多样的绿色空间。在规划中,增加多层次结构、多种类、富含文化性的植物景观,尤其要注重四季景色的质量及远景植物效果,增加彩叶植物、香味植物的应用;以乡土树种为主,结合城市文脉,多利用开花草本及观叶植物,打造四季有景、景色不同的观赏效果,构建生态有效、物种多样、文化内涵丰富的城市植物景观。

（二）关注空间的健康效益

城市绿色空间耦合了生态系统服务与人类福祉,兼顾公平与效率的城市绿地空间格局,是提升人居环境和改善民生的重要途径[10]。城市绿色空间体系规划,需强化环境暴露水平因空间效应、时间效应、人群效应和环境风险的中介效应[11],重视从提供生态产品和服务、促进有益的健康行为两方面,提升城市居民身心健康水平[12]。如,为方便居民出行使用,关注绿色空间的可达性与邻近性;绿色空间的营造上,兼顾不同运动健身需求,考虑不同绿色空间的规划类型与重点衔接,注重体力型活动的引导,促进绿色空间从活动支持到活动激发的功能转型。

（三）突出规划的生态效益

城市绿色空间的生态效益在利用生态系统自我调节能力与生态系统之间起着一定的补偿作用,能够提高物种再生能力,对人类赖以生存、生产和生活的自然环境和生态系统的稳定性有所维持和改善,从而获得环境整体性效益[13]。在规划时应该遵循自然规律,建设最接近自然生态模式的城市绿地,以确保生态效应的最大化。在绿色空间规划中,生态安全的相关因素应优先考虑,注重乔灌结构的占比,多采用乔灌植物结构,提升植物群落的稳定性;注重植物的多样性与植物生态群落的多样性,保障生态系统内部的能量与信息流动。

三、绩效考核层面

吴良镛先生曾经指出,"每一个特定的规划层次,都要注意承上启下,兼顾左右,把个性的表达与整体的和谐统一起来"。在对象管控指标上要做好定量定界管控指标的选择与实施。理清与乡规划法定编制体系的衔接,明确城市规划区、中心城区和城市建成区的界限范围,确保绿道密度区间、公园边界必须与廊道绿地边界有重叠,保障公园边界与公园面积的比值等。强化各部门之间的信息联动,注重目标性指标的把控并增加基本生态控制线占比。在空间尺度上,不同层次之间规划体系、管控指标相互衔接,确保生态控制线、农田控制线、城市增长边界、城市绿线等管控指标符合上位规划。

6.2　展望

6.2.1　明确与绿地系统的关系

城市绿色空间是城市规划范围具备自然特征的环境空间,是为调节城市建设而保留或增加的自然或近自然的开放空间系统[14],是城市中除城市建筑技艺功能性灰空间以外的部分[15],是城市开放空间的一部分,在水平纬度与垂直维度上对城市绿地系统的范围进行了拓展,在空间内涵上更加关注生态、社会、文化等多方面的功能性[16]。面向未来的城市绿色空间规划,要在城市绿地规划的基础上,形成一套绿色空间规划技术方法,在绿色空间规划策略指导上明确与城市绿地系统之间的关系,强化二者的异同对比和体系衔接,注重对研究区域现有绿地规划查缺补漏,分析绿地规划在城市绿色植被覆盖等方面的空间不足、城市内涵挖掘上的不足,深化绿色空间规划的人文内涵与社会价值,扩大绿色空间规划范围,针对性地提出改进方案。

6.2.2　进一步提升规划的精细程度

由"增"至"存"的规划思想转型,要求规划依据区域内资源开发与城市发展的现状,以需求为导向,对现有城市空间进行精细化的管理、调配与布局,对于规划的精细程度有更高的要求。全域绿色空间体系规划,应在保证工作投入的前提下建立更为全面的规划体系,针对全域特色,加强不同影响因素的考虑深度,加强规划设计全过程的精细管控,在面对大范围、大空间格局的战略部署基础上,进一步聚焦绿化环境的营造和提升,对于小规模、小范围的空间结构调整提出针对性的规划策略,考虑收支平衡,使绿色空间规划从"粗放"走向"精细",提高全域绿色空间规划的精细度与规划策略的科学性。

6.2.3　补充规划的可行性分析

面对未来城市规划的机遇与挑战,城市绿色空间规划应衡量国家、省市与地方的各级规划编制和地方环境现状,分析客观条件对城市绿色空间规划可能造成的机遇与挑战,进而度量城市绿色空间体系规划在当前外部环境下是否具备条件可行性[17]。增加城市绿色空间规划在数据控制方面的方法导则,加强数据层面的应用指导,对绿色空间规划的指标高低、好坏等质量进行全周期把控。如有条件,建议预测与评估规划可能的效益及环境影响,分析规划所制定战略、目标和任务的现实可能性,研究规划在实施过程中可能产生的风险并进行综合分析评价,而后根据评价结果对规划编制和实施提出修改意见和预防措施。对城市绿色空间体系规划的内容要组织调研与论证,研究与评测规划的可行性,方便后续建设管理部门的决策,确保规划内容的有效落实。

6.2.4　突出规划的文化内核

城市绿色空间规划应强调地域文化传承和特色品牌的打造,以提高居民的地域归属感,彰显地方特色。以本次高淳全域绿色空间体系规划为借鉴,绿色空间体系的规划应围绕城市内涵,通过对山林湖畔、重要道路、门户节点等地的实地考察,挖掘城市中特有的具有代表性的文化遗迹、自然山水环境,结合地方居民的生活、工作、交往、休息等需要,提出切实可行、能够反映地方特色、城市审美的规划方针,并通过具体实施策略体现在绿化空间的规划特色中,强化城市绿色空间的文化承载力,使绿化真正与人民群众的生活融合在一起。

本章参考文献

［1］王志楠. 城市绿地系统景观资源整合研究:以扬州市城市绿地系统规划为例
　　［D］. 南京:南京林业大学,2010.

［2］潘剑彬,李树华. 基于风景园林植物景观规划设计的适地适树理论新解［J］. 中
　　国园林,2013,29(4):5-7.

［3］张式煜. 上海城市绿地系统规划［J］. 城市规划汇刊,2002(6):14-16.

［4］张浪. 特大型城市绿地系统布局结构及其构建研究:以上海为例［D］. 南京:南
　　京林业大学,2007.

［5］吴人韦. 国外城市绿地的发展历程［J］. 城市规划,1998,22(6):39-43.

［6］叶林. 城市规划区绿色空间规划研究［D］. 重庆:重庆大学,2016.

［7］许惠香. 徐州市城区山林林相结构存在的问题及对策研究［J］. 产业与科技论
　　坛,2010,9(11):61-63.

［8］叶少平,叶军槐,唐小华. 淳安实施林相改造 打造康美森林［J］. 浙江林业,2018
　　(11):18-19.

［9］董菁,左进,李晨,等. 城市再生视野下高密度城区生态空间规划方法:以厦门本
　　岛立体绿化专项规划为例［J］. 生态学报,2018,38(12):4412-4423.

［10］肖华斌,何心雨,王玥,等. 城市绿地与居民健康福祉相关性研究进展:基于生态
　　系统服务供需匹配视角［J］. 生态学报,2021,41(12):5045-5053.

［11］李畅. 环境流行病学视角下城市绿地空间的健康效应研究［J］. 风景园林,2021,
　　28(8):94-99.

［12］姚亚男,李树华. 基于公共健康的城市绿色空间相关研究现状［J］. 中国园林,
　　2018,34(1):118-124.

［13］袁蕾. 乌鲁木齐市 3 种典型绿地系统生态效益评价［J］. 安徽农业科学,2021,49
　　(13):124-126.

［14］王香春. 公园城市,具象的美丽中国魅力家园［J］. 城乡建设,2019(2):28-31.

［15］李金路. 新时代背景下"公园城市"探讨［J］. 中国园林,2018,34(10):26-29.

［16］李雄,张云路. 新时代城市绿色发展的新命题:公园城市建设的战略与响应［J］.
　　中国园林,2018,34(5):38-43.

［17］刘智明. 保定市人均公共绿地达标可行性探讨［J］. 中国园林,1996,12
　　(1):54-55.